효소

효소

1판 1쇄 발행 2023. 5. 8.
1판 2쇄 발행 2024. 11. 29.

지은이 폴 엥겔
옮긴이 최가영

발행인 박강휘
편집 임솜이 | 디자인 유향주 | 마케팅 정희윤 | 홍보 장예림
발행처 김영사
등록 1979년 5월 17일(제406-2003-036호)
주소 경기도 파주시 문발로 197(문발동) 우편번호 10881
전화 마케팅부 031)955-3100, 편집부 031)955-3200 | 팩스 031)955-3111

값은 뒤표지에 있습니다.
ISBN 978-89-349-6322-6 04400
978-89-349-9788-7 (세트)

홈페이지 www.gimmyoung.com 블로그 blog.naver.com/gybook
인스타그램 instagram.com/gimmyoung 이메일 bestbook@gimmyoung.com

좋은 독자가 좋은 책을 만듭니다.
김영사는 독자 여러분의 의견에 항상 귀 기울이고 있습니다.

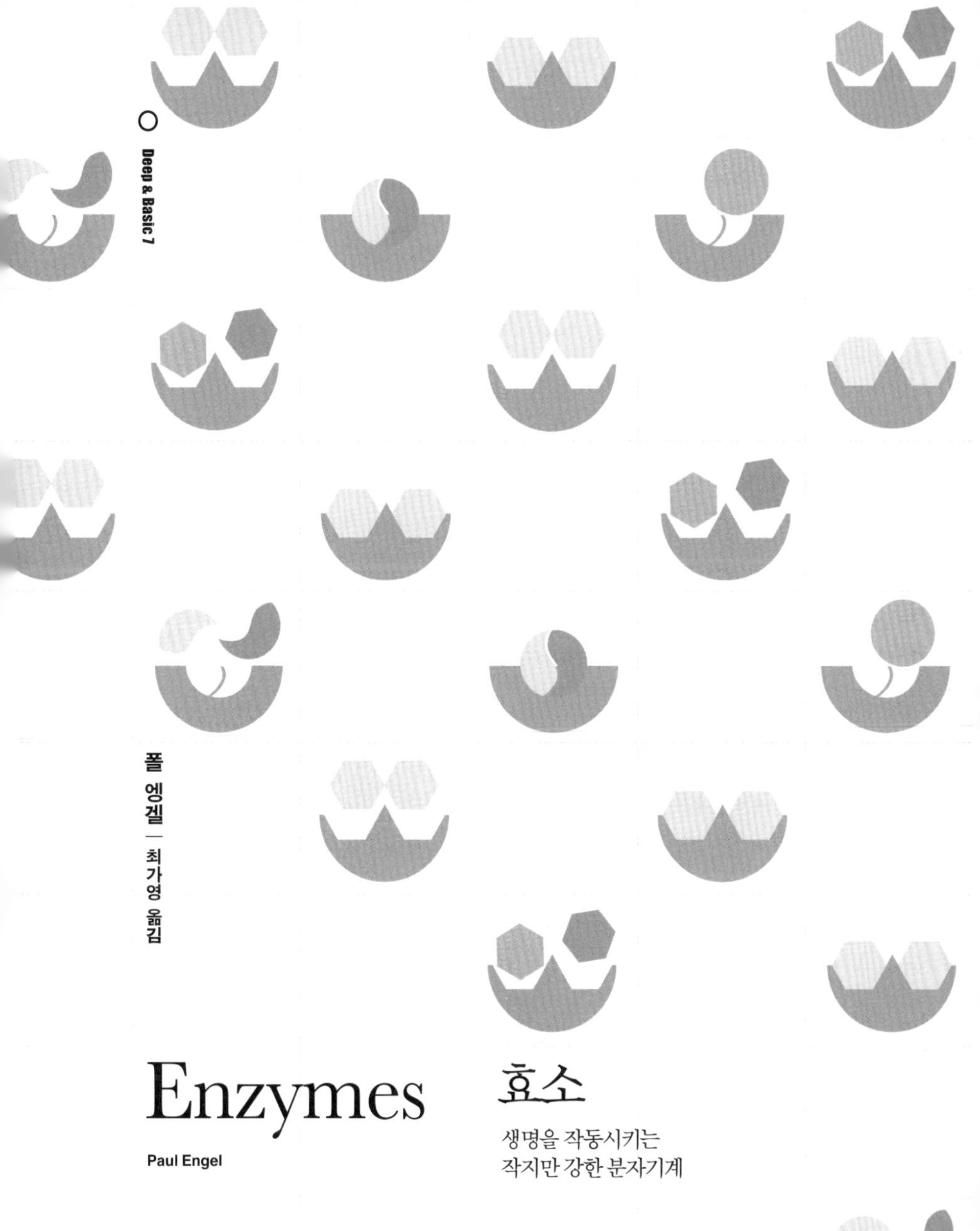

Deep & Basic 7

폴 엥겔 | 최가영 옮김

Enzymes

Paul Engel

효소

생명을 작동시키는
작지만 강한 분자기계

김영사

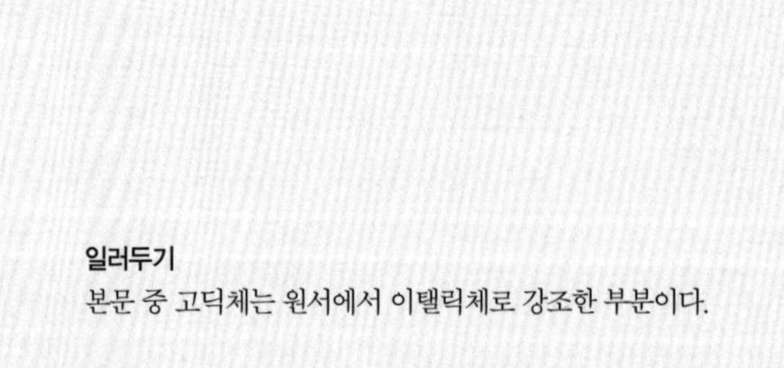

일러두기

본문 중 고딕체는 원서에서 이탤릭체로 강조한 부분이다.

차례

1

효소가 없으면 생명도 없다

생명이란 뭘까? 보통 우리는 생명을 당연한 것으로 생각한다. 우리는 스스로 하나의 생명이면서 다양한 생명에 둘러싸여 살아간다. 공원에서 신나게 뛰노는 개나 텃밭에서 무럭무럭 자라는 채소, 그 채소를 뜯어 먹는 송충이까지 딱 보면 우리는 그것이 살아 있는지 아닌지 바로 안다. 그런데 누군가 생물과 무생물의 경계를 정확히 지어 설명하라고 한다면? 그땐 상당히 골치가 아파진다. 일단은 생명을 기능적으로 정의하는 방법이 있다. 생물이 무슨 일을 하는지에 초점을 맞춰서 성장하는 능력, 성장에 필요한 원료를 모으는 능력, 번식하는 능력, 환경에 적응하는 능력 등을 드는 것이다. 그런가 하면 구조적인 측면에서 생명을 생각해볼 수도 있다. 생명은 놀랍도록 다양한 형태로 존재할 뿐만 아니라 저마다 경이로운 정교함을 자랑한다. 만약 여기에 화학자의 도구들을 들이대면 모든 생물체는 다시 고도로 복잡한 구성단위들이 조립된 완성품임을 알게 된다. 게다가 거미와 양배추처럼 겉모양이 아무리 다른 생물끼리도 내부 부품들의 기본 특성은 또 얼마나 닮아 있는지 신기할 따름이다. 한편, 살아 있는 세포를 하나하나 떼어 살핌으로써 생명 활동의 근원 물질이나 구조가 있는지 조사하는 방법이 있다. 이런 맥락에서 요즘엔 데옥시리보핵산deoxyribonucleic acid, 즉 DNA의 중요성을 모르는 사람이 없다. 거의 일상 어휘가 되어 때로는 아무 데나 막 갖다 붙일 정도니 말이다. DNA는 생명의 사용 지침이 담긴 물질이다. 이 지침은 현재 생명체 안에서 실행되기도 하고 복제되어 다음 세대 개체나 세포에 대물림되기도 한다.

이토록 중요한데도 DNA 자체는 생명이 아니다. 덜렁 외떨어져 있는 DNA는 아무것도 못하고 한 발짝도 움직일 수 없다. 요리책이 있다고 밥상이 저절로 차려지지는 않는 것과 마찬가지다. DNA 안에 암호화된 명령을 실행시키고 우리가 생명이라 부르는 다양한 현상을 현실로 만들려면 명령을 행동으로 옮기는 일종의 작동 기구가 필요하다. 이 현장 요원 역할을 하는 것이 바로 효소다. 그런데 정확히 효소가 뭔가? 효소가 무슨 일을 하는지, 애매한 비유로가 아니라 구체적으로 어떻게 설명할 수 있을까?

일단 확실한 건 효소가 잘못되면 심각한 문제가 생긴다는 사실이다. 자식에게 대물림되는 유전 질환 중 다수는 효소 결함 탓이다. 효소는 워낙 중차대한 역할을 맡고 있기에 살충제나 제초제 같은 치명적인 독극물의 표적이 되기도 하고 화학무기 개발에 악용되기도 한다. 2018년 3월, 영국 솔즈베리에서 전직 소련 스파이였던 한 남자와 그 딸이 길을 가다가 중독 증세로 쓰러졌다. 그가 사는 집의 문손잡이에 누군가 발라놓은 정체 모를 화학물질 때문이었다. 언론은 노비촉(러시아가 1970년대에 개발한 생화학 무기—옮긴이)이 남자의 체내 효소를 공격했다고 보도했다. 몇 주 뒤엔 부녀가 기적적으로 생환했다는 소식이 들려왔다. 의료진이 호흡과 심장수축 같은 필수 생명 기능을 보조한 덕에 새 효소가 다시 만들어질 시간을 벌 수 있었다고 했다.

요즘엔 대부분 학교 생물 수업 시간에 효소 얘기를 처음 접할 것이다. 음식을 소화시키고 파스타, 밥, 감자에 들어 있는 전분을 당 같은 성분으로 분해시키는 주인공이라고 말이다. 하지만 사실 효소는 그때뿐 아니라 우리가 얼룩진 옷을 세탁기에 돌릴 때와 같은 순간에도 만나게 된다. 그때 우리는 구체적으로 명시되지는 않았지만 어쨌든 들어 있다는 '효소'가 첨가된 '생물성' 세제를 쓸지 말지 고민한다. 그 효소는 옷에 신비로운 작용을 일으킨다. 덩치 큰 화학물질을 작은 분자들로 쪼개 씻겨 보낸다는 점에서 소화든 세탁이든 효소가 하는 일은 다를 바가 없다. 다만 사람들이 미처 눈치채지 못하는 차이점이 있다면, 생체 내의 효소는 갖가지 상황에서 훨씬 다양한 역할을 함으로써 생물 전체를 총괄한다는 것이다.

어떤 생물이든 체내에서 일어나는 거의 모든 화학반응 과정은 각기 특화된 효소의 도움을 받는다. 이때 효소는 이론적으로 일어날 수 있는 모든 반응이라는 선택지 앞에서 적당한 반응을 취사선택하고 올바른 순서를 정한다. 우리가 '대사'라 부르는 이 일련의 반응이 일어나면 음식이 몇 단계에 걸쳐 유용한 기본 재료로 쪼개졌다가 다시 조립되어 새로운 생체분자로 재탄생한다. 땅속의 이산화탄소와 물과 무기물이 일련의 반응을 거쳐 나무로 변하는 것이나 세포 하나에 불과하던 수정란이 걸어 다니고 말도 하는 어른 인간으로 성장하는 것 모두가 퍼즐 조각 하나하나를 실수 없이 제자리에 갖다 놓는 효소들의 팀워크가 있기에 가능한 일이다. 효소는 동식물로 하여금 음식물이나 햇빛에 저장된 에너지를 추출해 다양한 생체 작업을 해내도록 한다. 효소는 화학반응을 켜거나 끄는 스위치이기도 하다. 심지어 효소는 DNA 암호를 짜거나 해석할 줄도 안다. 그렇다면 효소를 만드는 건 무엇일까? 물론 그 답 역시 효소다.

효소는 문자 그대로 모든 생체반응을 통제하기 때문에 다양한 약물이 특정 효소의 활성을 꺼트리거나 약화하도록 설계된다. 효소는 본래의 생물학적 과정 외에도 진단키트, 화학합성, 식품·가죽·목재펄프의 가공 등에 점점 더 많이 쓰이고 있다.

이와 같은 응용 사례들은 이 책의 후반부에서 다시 살펴보기로 하자.

그런데 이쯤 되면 몇 가지 의문이 생긴다. 이제부터 우리가 생명을 일련의 화학반응이라는 관점에서 바라볼 것이라면, 생명이 우리가 학교 수업 시간에 배우는 '평범한' 화학반응을 똑같이 따르는 것이 맞는지를 먼저 짚고 넘어가야 한다. 생명에만 특별히 허락된 듯 보이는 물질과 구조를 과연 '평범한' 화학반응이 만들어낼 수 있을까? 근본적으로 화학반응이 일어날지 말지를 결정하는 것은 무엇일까? 효소는 이 과정에 어떤 영향을 미칠까? 어떻게 이 모든 특징이 어우러져 우리가 생명이라 인식하는 것을 구성하는 걸까?

기본에서 시작하기

물질의 최소 단위는 분자다. 분자는 한 가지 원자로만 되어 있을 수도 있고 여러 종류가 섞여 있을 수도 있다. 순수한 물질의 분자는 늘 일정한 원자 구성비를 갖는다. 화학기호가 O인 산소를 예로 들면, 산소 원자 2개가 분자 하나를 이루므로 산소 분자를 O_2라 표기한다. 또, 검은 산화구리(CuO)는 광택 있는 구리(Cu) 원자 하나와 산소(O) 원자 하나가 결합한 분자다. 비슷하게, 금속인 나트륨(Na) 원자 하나와 기체인 염소(Cl) 원자 하나가 만나면 염화나트륨(NaCl)이 된다. 바로 식용 소금이다. 나트륨도 염소도 따로 있을 땐 음식에 뿌려 먹기에 상당히 위험한 물질이지만, 다행스럽게도 NaCl은 둘 중 무엇과도 닮지 않았다. 화학식을 보면 원자의 구성비를 바로 알 수 있는데 NaCl의 경우는 1 대 1이다. 물 분자의 구성비는 좀 다르다. 산소 원자 하나(O)는 수소 원자 둘(H_2)과 결합해 물(H_2O)이 된다. 이 비율은 산소 원자가 수소 원자보다 결합력이 세다는 사실을 보여준다. 이런 성질을 화학에서는 원자가原子價, valency로 나타낸다. 수소, 염소, 나트륨은 모두 원자가가 1이며, 산소와 구리는 2다. 이처럼 원자가가 서로 다른 이유는 각 원자의 근본적인 구조와 관련이 있다. 깊이 들어갈 필요 없이, 원자가는 단순히 각 원자가 다른 원자를 붙잡아 둘 '팔'의 개수라고 생각하면 쉽다. 말하자면 산소(O)는 팔이 둘이고 수소(H)는 팔이 하나뿐인 셈이다.

화학반응이 일어나면 분자 안의 원자들이 새로운 조합으로 재배열된다. 방금 언급한 예시의 경우, 산소 분자(O_2) 안의 원자 하나하나가 각각 수소 원자 둘씩과 만나 새로운 분자로 재탄생한다. 엄밀하게 따지자면 산소 분자(O_2) 하나에 들어 있던 산소 원자(O) 2개가 수소 분자(H_2) 둘에 들어 있던 수소 원자(H) 4개와 반응해 물 분자 둘이 된다고 말할 수 있다.

$$2H_2 + O_2 \rightarrow 2H_2O$$

이 화학반응식을 보면 배열만 달라졌을 뿐 화살표 왼쪽에 있는 원자들(수소 원자 4개와 산소 원자 2개)이 전부 오른쪽에 다시 등장한다. 보통은 화학반응에 관여하는 분자를 구성하는 모든 원자가 반응 후에도 보존된다.

원자의 조합과 재배열을 규정하는 규칙의 발견은 19세기 과학의 고속 발전을 견인했다. 살균제, 용매, 염료, 폭발물 등 유용한 신물질을 생산하는 대규모 화학산업이 급성장한 것도 이 무렵이었다. 이 모든 과정에서 다양한 형태의 분자를 만들어낸 일

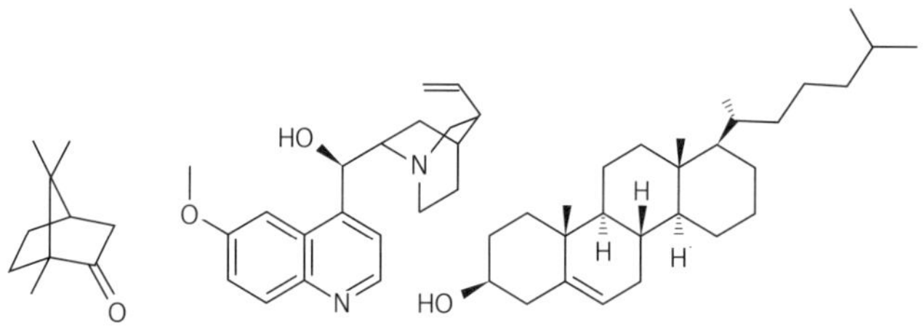

장뇌 퀴닌 콜레스테롤

복잡한 생물유기분자

그림 1 대표적인 유기분자들의 구조식(분자 안에 들어 있는 원자의 결합 상태를 원소 기호와 결합 기호를 사용해 도식적으로 나타낸 것—옮긴이). 생합성되어 만들어지는 세 가지 물질 모두 원자가가 4라는 탄소의 특징 덕분에 복잡한 구조를 갖는다. 구조식의 모든 꼭짓점, 끝점, 교차점에 탄소 원자가 있지만 구조식에 탄소는 표기하지 않는다. 단, 결합수가 넷 미만인 분자의 경우에는 탄소 원자를 C로 표기하며, 탄소가 아니라 수소 표기를 생략한다.

등 공신은 다름 아닌 탄소(C)다. 원자가가 4인 탄소는 H나 O와 달리 한 번에 여러 원자를 '붙잡고 있을' 수 있어서, 원자들을 이어 복잡한 사슬이나 고리를 형성하거나 원자들 간의 네트워크를 만들어낸다(그림 1). 나중에 자세히 살펴보겠지만, 탄소의 이런 특징은 생물화학의 근간이기도 하다.

화학으로 생물학을 설명할 수 있을까?

오랫동안 화학자들은 정통 화학의 원칙이 생명체에는 통하지 않는다고 믿었다. 크게 두 가지 논제가 늘 도마 위에 올랐는데, 하나는 '생명체 안에 화학물질다운 물질이 존재하는가'였고 다른 하나는 '만약 그렇다면 체내에서 일어나는 과정들도 일종의 화학반응인가' 하는 것이었다. 일단 생물들이 진짜 화학물질을 흡수해서 또 다른 진짜 화학물질로 바꾸는 건 분명해 보였다. 예를 들어, 동물은 산소의 도움을 받아 글루코오스를 이산화탄소와 물로 바꾼다. 오늘날 우리는 이것이 한 번에 끝나는 단순한 화학반응이 아니라 일련의 반응들이 누적된 결과라는 걸 잘 안다. 그래도 전체 과정을 다음과 같은 하나의 화학반응식으로 표현할 수 있다.

$$C_6H_{12}O_6 + 6O_2 \rightarrow 6CO_2 + 6H_2O$$

글루코오스 산소 이산화탄소 물

반응의 재료와 결과물 모두 널리 알려진 화학물질이다. 마찬가지로 효모는 똑같은 당인 글루코오스를 가지고 산소 없이 또 다른 익숙한 화학물질인 에틸알코올(에탄올) C_2H_5OH를 만들어낸다.

$$C_6H_{12}O_6 \rightarrow 2C_2H_5OH + 2CO_2$$

글루코오스 에탄올 이산화탄소

그럼에도 1820년대에 영국의 저명한 화학자 윌리엄 헨리William Henry는 단호하게 주장했다.

> 이런 조작으로 우리가 자연을 모방하는 경지에 이를 수는 없다. 살아 있는 식물의 기능을 지배하는 원칙은 오직 살아 움직이는 생명체에만 적용되는 듯하며 우리가 화학친화력化學親和力, chemical affinity이라 부르는 힘보다 우월하고 확연히 다르다.

불과 몇 년이 지난 1828년의 일이다. 독일의 화학자 프리드리히 뵐러Friedrich Wöhler가 실험을 하면서 무기無機 화학물질이라 널리 알려진 시안산 암모늄ammonium cyanate을 가열하자 새로운 결정이 만들어졌다. 그가 요소尿素, urea라고 알고 있던 물질이었다. 문제는 요소가 원래 소변에서 추출되는 생물 유래의 물질이라는 것이었다. 뵐러는 보고서에 이 생체물질이 '사람이나 개 혹은 신장의 도움 없이' 만들어졌다고 기록했다. 시안산 암모늄 분자와 요소 분자는 배치만 다를 뿐, 같은 원자 8개로 되어 있다. 둘이 다른 규칙을 따르는 서로 다른 종류의 물질이라는 단서는 어디서도 찾을 수 없었다.

생체물질이 화학이라는 큰 울타리 안의 작은 일부분이고 생물의 체내에서 화학적 변환이 일어난다는 사실을 인정한다고 하더라도 이번엔 생물체가 정확히 어떻게 그런 반응을 수행해내는지가 또 오리무중이었다. 글루코오스가 어떻게 산화 혹은 발효되는지, 요소가 어떻게 만들어지는지, 생체물질의 변환이 어떤 식으로 이루어지는지는 20세기가 올 때까지 내내 깜깜한 미궁 속 수수께끼로 남아 있었다. 게다가 글루코오스, 에탄올, 이산화탄소, 요소 등이 진짜 화학물질이라 하더라도 살아 있는 세포 안에 들어 있을 때 그것들을 같은 물질로 볼 것인지에 대해서는 학계의 반발이 여전히 거셌다. 화학자들은 모든 화학물질이 수학 공식으로 완벽하게 설명되고 그들이 실험실에서 만들어내는 화합물처럼 결정을 형성하거나 뚜렷한 녹는점과 끓는점을 갖는 것과 같이 자신들이 기대했던 모습을 보이기를 바랐다.

그러나 생물학에는 요소나 에탄올 같은 '착한' 화학물질만 있는 게 아니다. 성질도 특이하고 저마다 다른 규칙을 따르며 기괴하고 복잡하고 제멋대로 구는 골칫거리 물질들이 넘쳐난다(글상자 1). 그렇다면 결국 이건 화학적으로 완전히 다른 세상이 아닐까?

글상자 1 유기화학

생물학과 화학의 경계를 두고 한 세기 내내 지속됐던 혼란의 흔적은 오늘날 '유기有機, organic'라는 단어의 다양한 쓰임새에서 그대로 드러난다. 19세기 화학자들은 생체에서 만들어지는 복잡한 탄소 분자를 분석하고 정체를 밝힌 다음에 실험실에서 그것을 똑같이 합성해내려고 애썼다. 그러려면 일단 처음에는 화학물질을 생물로부터 뽑아내야 했기 때문에 이런 연구는 자연스럽게 '유기화학'이라 불리게 됐다. 하지만 곧 유기화학은 생체에서 유래하지 않은 복잡한 분자까지 아울러 탄소화합물 전반을 다루는 수준으로 급성장했다. 예를 들어, 1856년 윌리엄 퍼킨William Perkin은 원래는 식물에서 추출하는 말라리아 치료 성분 퀴닌quinine을 자신의 실험실에서 만들어보려다가 엉뚱하게 새로운 염료를 발명한다. 영국과 독일의 화학염료산업 발전에 효자 노릇을 톡톡히 한 퍼킨스 모브Perkin's mauve가 바로 그것이다. 세상의 모든 과학자는 내심 행운을 기대한다. 그러나 현대 유기화학의 체계가 순전히 요행에만 기대 세워지지는 않았다. 100여 년의 세월 동안 유기화학자들은 부단한 노력으로 합성 약물, 세제, 살충제, 플라스틱, 섬유, 마취제, 페인트, 접착제 등 다양한 성공작을 줄줄이 선보였다. 그러다 보니 오늘날에는 생산 과정에서 유기 살충제, 호르몬, 약물 등이 안 쓰이는 식품에만 '유기농'이라는 수식어가 붙는 황당한 상황이 벌어지고 있다.

하지만 19세기를 달군 논쟁의 초점은 반응물질이 아니라 반응 과정에 있었다. 특히 맥주와 와인의 양조법에 대해 세간의 관심이 뜨거웠는데, 둘 다 당을 알코올로 발효시킨다는 공통점이 있다. 다만 와인을 만들 때는 포도에 들어 있는 당 성분을 이용하고 맥주의 경우는 맥아에 있는 당을 반응시킨다는 게 다르다. 그래서 맥주는 곡물을 처리해 그 안의 전분을 당(글루코오스)으로 분해하는 맥아제조 단계가 더 필요하다. 독일 화학자 유스투스 폰 리비히Justus von Liebig는 이 물질들이 상호변환되는 것이 일종의 화학반응이며 그것을 가능하게 하는 모종의 화학물질이 세포 안에 반드시 존재할 것이라고 확신했다. 그리고 이 발효 과정에서 살아 있는 세포가 중요한 역할을 한다는 것을 실험을 통해 밝혀 폰 리비히의 견해에 큰 힘을 실은 사람은 다름 아닌 그의 최대 라이벌이었던 프랑스 생물학자 루이 파스퇴르Louis Pasteur였다. 한편 파스퇴르는 살아 있는 세포가 와인, 주스, 우유 등을 변질시키는 장본인이므로 음식을 낮은 온도에서 가열해 살균 처리를 하면 부패를 막을 수 있다는 것도 증명해냈다. 일명 '저온살균'이라는 이 기술은 유제품과 과일주스 같은 식품산업 영역에서 여전히 애용된다. 그는 스스로 세운 기본 원리, 즉 생체반응이 일어나기 위해서는 반드시 그곳에 생명체가 존재해야 한다는 원리를 굳게 믿었다. 그가 생체반응은 신비한 '생기生氣, vital force'의 지배를 받고, 따라서 생명과 떼려야 뗄 수 없다는 **생기론**生氣論, vitalism을 지지한 건 당연했다.

그런데 앙셀름 파옌Anselme Payen과 장 프랑수아 페르소Jean-François Persoz가 1833년에 일찌감치 알아낸 또 다른 사실이 하나 있었다. 그것은 바로 맥아추출물에 알코올을 부으면 전분을 당으로 변환하는 물질을 침전시켜 얻을 수 있다는 것이다. 두 사람은 이 물질을 '디아스타아제diastase'라고 불렀는데, 디아스타아제는 생체물질이 아니었기에 생기론을 정면으로 반박하는 물질이나 다름없었다. 물론 원료는 생체물질이었지만 최종 산물에는 더 이상 살아 있는 성분이 조금도 들어 있지 않았던 것이다. 이것은 중요한 발견이었지만, 과학사에서 숱하게 목격되는 사례들처럼 당시에는 제대로 인정되지 않아 세기말까지 찬밥 신세를 면치 못했다.

생기론의 쇠락과 생화학의 탄생

파옌과 페르소가 부지런히 성과를 내놨음에도 생기론의 기세는 1898년에 와서야 마침내 꺾였다. 그해에 바이에른 출신의 과학자 형제 에두아르트 뷔히너Eduard Büchner와 한스 뷔히너Hans Büchner는 살아 있는 효모 세포뿐만 아니라 효모 세포를 깨뜨려 안에 든 것만 추출한 세포액에서도 발효가 일어난다고 공표했다. 그 말은 살아 있는 유기체 없이도 복잡한 생체반응이 일어날 수 있다는 뜻이었다. 즉, 신비로운 생기가 굳이 필요하지 않은 셈이었다. 양측의 대립은 학술잡지와 학위과정이 따로 생기는 등 **생화학**生化學, biochemistry이라는 분과가 정식으로 독립해 나오면서 마침내 종지부를 찍는 듯했다. 이후, 생물체에서 추출했지만 더 이상 살아 있지 않은 갖가지 생체물질 시료에서 복잡한 화학적 변환을 성공적으로 유도했다는 소식이 잇따라 전해졌다. 그런 변환 반응은 세심한 조작을 요구하는 여러 단계가 순차적으로 연결돼 완성되는 경우가 흔했다. 이런 유의 다단계 변환 과정을 오늘날에는 **대사 경로**代謝經路, metabolic pathway라 부른다. 단계마다 각 반응을 전담해 진행시키는 특별한 물질이 관여한다. 바로 효소다. 우리가 생명이라 부르는 질서정연한 화학작용은 수많은 효소들의 완벽한 호흡이 있어야만 아무 탈 없이 일어날 수 있다.

그런 면에서 모든 생체 추출 물질은 효과 좋은 다양한 효소들이 섞여 있는 잡탕 수프와 같다. 20세기 초반은 이 효소들을 분리하기 위해 다양한 기술을 적극 시험한 시대였다. 손이 많이 가고 고된 작업이긴 해도, 이와 같은 분별分別, fractionation 절차를 거치면 결국 여러 효소가 순수한 형태로 분리되어 나왔다. 이는 곧 더 이상 효소들 사이에서 헷갈리거나 다른 효소의 방해를 받지 않고 효소 하나하나를 개별적으로 연구해 그것이 하는 일을 정확하게 밝혀낼 수 있다는 것을 의미했다. 그렇게 우리는 생명의 생화학적 기전을 조금씩 이해해 나갔다.

생화학은 꾸준히 앞으로 나아갔지만 과학계의 인정을 받기까지는 여러 해를 더 애써야 했다. 19세기의 편견은 여전히 학계를 얽매고 있었고 과거의 성공에 도취된 화학자들은 젊은 생화학의 패기를 허세라며 업신여겼다. 가령, 제2차 세계대전 직전에 영국으로 도피한 독일 출신의 과학자 핸스 크레브스Hans Krebs가 1940년대에 셰필드대학교에 생화학 학위과정 신설을 제안한 적이 있다. 그때 그를 견제하던 화학자들은 이렇게 반문했다고 한다. "여러분, 우리가 무슨 까닭으로 생화학 학위를 원하겠습니까? 생화학은 엇나간 화학에 불과하다는 걸 모두가 아는데 말입니다." 사실 당시 크레브스는 셰필드대학교에서 중요한 대사 회로(생체 내에서 유기산을 산화시켜 에너지를 생성하는 경로. 크레브스 회로나 시트르산 회로, 혹은 TCA 회로라고도 한다—옮긴이)를 규명하고 자신의 성을 따 이름도 정해놓은 상태였다. 이 대사 회로는 1953년에 크레브스에게 노벨상을 안겨주었고, 오늘날 고등교육과정 생물 수업에도 빠짐없이 등장한다. 그럼에도 필자가 1970년에 같은 대학 생화학과 교수로 처음 임용됐을 때까지도 학제 간의 악감정은 여전히 팽팽했다.

편견과 핍박을 딛고 생화학은 지난 수백 년 동안 물리학, 화학, 생물학을 두루 포용하는 열린 자세로 거의 모든 생명현상을 이해하는 눈부신 발전을 이뤘다. 이런 발전의 중심에는 어느 생체반응에든 저마다 꼭 맞게 작용하는 고유 효소들이 함께한다는 핵심 원리가 있다. 노벨 생리의학상 수상자 프레더릭 가울랜드 홉킨스Frederick Gowland Hopkins는 일찍이 1932년에 영국 왕립학회 회장 자격으로 했던 연설에서 "효소와 효소의 작용에 대한 확장된 연구가 생물학에서 지니는 의의야 더 말할 것도 없지만, 화학에서의 의미 또한 결코 덜하지 않다"라고 감격 어린 소회를 밝히기도 했다. 비약에 비약을 거듭한 생화학은 바야흐로 전성기를 누리고 있다. 뒤에서 자세히 얘기하겠지만, 지금에서는 1930년대를 돌이켜 떠올리면 홉킨스의 선언이 지나친 겸손으로 느껴질 정도다.

⬡

2

안 될 일을 되게 하는 촉매작용

효소는 촉매작용, 즉 어떤 화학반응이 더 빨리 일어나도록 돕는 일을 한다. 오로지 생물체나 거기서 뽑아낸 생체물질에서만 촉매작용이 일어나는 건 아니지만, 도처에서 발견되는 어느 화학 촉매도 생체 내 효소만큼 강력하고 선택적이진 않다. 화학적 촉매작용을 1794년에 최초로 목격하고 보고한 사람은 스코틀랜드의 여성 화학자 엘리자베스 풀햄Elizabeth Fulhame이었다. 풀햄은 일산화탄소(CO)가 이산화탄소(CO_2)로 바뀌는 것처럼 산소가 들어가는 다양한 반응이 물 없이는 일어나지 못한다는 걸 알아챘다. 그런데 물은 반응에 관여하면서도 소모되지는 않았다. 화학반응이 끝나도 물은 반응 전과 같이 그대로 거기에 있었다. 이 특징을 생각하면 어째서 예나 지금이나 촉매를 '화학반응의 속도를 높이면서 그 자체는 반응이 종료된 후에도 원래 상태 그대로 있는 물질'이라 정의하는지 바로 수긍할 수 있다. 그로부터 몇 년 뒤 1812년에는 독일 화학자 고틀리프 키르히호프Gottlieb Kirchhoff가 산이 있을 때만 전분이 당으로 바뀌는데 정작 산에는 아무 변화가 없다는 걸 알아냈다. 또 1817년에 인화성 기체와 산소가 어떻게 반응하는지를 연구하던 험프리 데이비Humphry Davy는 백금이 있으면 불씨가 없이도 섭씨 50도 정도의 낮은 온도에서도 반응이 일어난다는 걸 발견했다.

세 가지 사례 모두 분명히 반응과 아무 상관 없어 보이는 물질이 화학반응 속도를 크게 높인다는 특징이 있다. 이 공통점을 파악한 스웨덴 화학자 옌스 베르셀리우스Jöns Berzelius는 1835년에 '미지의 성질을 가진 내부의 힘'이라는 뜻으로 **촉매작용**catalysis이라는 이름을 붙였다.

촉매는 변하지도 소모되지도 않기 때문에 끝없이 재사용이 가능하다. 그런 까닭에 백금이 값비싼 금속임에도 백금 촉매는 200년 넘게 널리 애용되고 있다. 모두에게 가장 친숙한 백금 촉매의 쓰임새는 아마 자동차 배기관에 다는 '촉매변환장치'일 것이다. 여기서 백금 촉매는 배기가스 안의 탄화수소가 산소와 효율적으로 반응해 이산화탄소와 수증기로 바뀌도록 돕는다. 촉매작용의 개념이 자리를 잡자, 촉매가 쓰이는 사례와 응용 분야가 늘어나면서 19세기 산업 발전을 견인하게 되었다.

단순하게 생각하면 촉매가 있고 없고는, 없으면 반응이 전혀 일어나지 않고 있으면 반응이 순식간에 진행된다는 차이만 만들어내는 것처럼 보인다. 하지만 엄밀히는 반응이 일어나고 있는지 아닌지 알아채기 어려울 정도로 몹시 느린 경우와 매우 빠른 반응 간의 차이를 만들어낸다고 이해하는 편이 더 정확하다. 말하자면 촉매작용은 일 년 넘게 걸릴 반응을 일 분만에 끝나게 하는 셈이다. 대부분은 어떤 반응이 촉매 없이 미적미적 진행되는 과정을 일 년 내내 지켜볼 엄두를 내지 못한다. 하지만 초인적인 참을성을 자랑하는 과학자들은 그걸 해낸다. 그 덕분에 우리는 촉매의 속도 향상률rate enhancement, 즉 촉매 덕에 속도가 몇천 배나 몇만 배, 혹은 그 이상 얼마나 빨라지는지를 알아낼 수 있다.

열역학과 동역학

이쯤에서 촉매가 있을 땐 반응 과정에서 정확하게 무슨 일이 생기는지 자세히 살펴보자. 만약 어떤 반응이 일어날 수 있는 반응이라면, 어째서 그냥 '일어나지는' 않는 걸까? 사실 이 질문에서는 두 가지를 분리해 따져보아야 한다.

1. 화학반응이 일어날 수 있는지 없는지를 좌우하는 것은 무

엇인가?

2. 만약 일어날 수 있는 화학반응이라면, 무엇이 진행 속도를 결정하는가?

촉매작용은 이 둘 중 어디에 해당할까? 과연 촉매가 다른 상황에서는 일어날 수 없는 반응을 일으키는 걸까?

우선은 화학적으로나 수학적으로 말이 안 되는 이론상의 반응들을 전부 제외시켜야 한다. 반응식 양변의 원자 수나 원자 종류가 일치하지 않는 반응 같은 것 말이다(현대에는 아무도 연금술을 믿지 않기 때문에 화학자는 산수도 잘해야 한다. 원자가 갑자기 튀어나오거나 사라지는 일은 있을 수 없다). 원자 결합의 재배열로는 설명되지 않는 화학적 변환도 마찬가지다. 이제 화학반응이 순리에 맞는다는 전제하에 출발해보자. 하지만 첫 단추를 잘 끼웠더라도 반응식이 그대로 실현된다는 보장은 없다. 경사면 위의 공처럼 화학반응은 오직 에너지 손실이 발생하는 방향으로만 일어날 수 있기 때문이다. 공이 스스로 경사면을 올라가지 못하게 만드는 것과 같은 원리가 화학반응에도 적용된다. 어떤 반응에서 에너지 손실이 있을지 없을지는 반응물질과 반응 후 나올 산물 각각의 고유한 성질, 각 물질의 농도, 그리고 주변의 온도에 좌우된다. 이와 같이 에너지 이동을 따지는 것은 **열역학**熱力學, thermodynamics의 영역이다.

그런데 에너지 흐름이 적절하더라도 반응이 늘 신속하게 진행되는 건 아니다. 데이비가 실험한 인화성 기체는 백금이 없으면 섭씨 50도에서도 산소와 눈에 확 띄게 활발히 반응하지 않는다. 다이너마이트조차 제대로 폭발하려면 적당한 부추김이 필요하다. 경사면에 홈을 얕게 파서 공을 박아놓은 모형을 떠올려보자. 공은 누군가가 발로 차거나 한 줄기 돌풍이 불어 공을 들어올리기 전엔 굴러 내려가지 않는다(그림 2). 화학반응도 비슷하다. 여기서 경사면의 홈은 반응물질 분자가 꿈쩍 않고 멈춰 있는 에너지 구덩이가 되고, 홈의 경계선은 공이 그 자리에 박혀 있을지 아니면 내리막을 구르기 시작할지가 갈리는 전이상

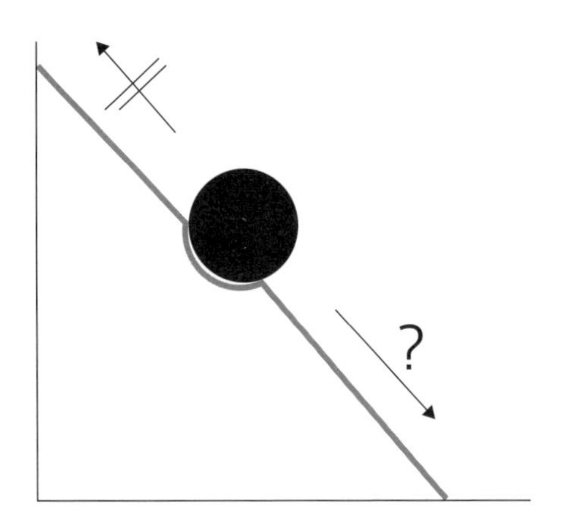

그림 2 경사면에 놓인 공. 공은 절대로 스스로 언덕을 올라가지 못하지만 구멍에서 나오도록 부추기는 힘 없이는 굴러 내려가지도 않는다.

태transition state 지점이 될 터다. 이때 반응이 일어나려면 분자를 전이상태로 차올리는 '한 방'이 필요하다. 그래야 분자가 내리막을 내려가 화학반응이 완성될 수 있다. 이 한 방을 **활성화에너지**activation energy라 한다. 이와 같이 반응속도를 결정하는 요소들은 **동역학**動力學, kinetics의 영역에 속한다.

활성화에너지

활성화에너지를 정확히 이해하기 위해 물질 A와 B가 있는 상황을 가정해보자. 두 물질은 서로 잘 반응하고, 같은 물에 함께 녹는다. 그렇다면 수용액 안에서 분자 A와 분자 B는 무작위로 분포할 것이다. 겉으로는 용액에서 아무 일도 일어나지 않는 것처럼 보인다. 하지만 분자 수준에서 들여다보면 용액 속의 모든 분자가 사방팔방 움직이고 있고, 이동 속도도 제각각이다. 이 상황에서 만약 분자 A가 분자 B와 반응하려면 일단 두 분자가 만나야 한다. 즉 분자 간 충돌이 필요하다. 분자 충돌이 얼마나 자주 일어나는지는 두 물질의 농도에 따라 달라진다. 하지만 두 분자가 부딪힌다고 해도 항상 반응으로 이어지는 건 아니다. 방향이 틀릴 수도 있고 큰 에너지를 상대방에게 전달하기에는 운동 속도가 충분히 빠르지 않을 수도 있기 때문이다. 반응이 일어날 확률을 높이는 한 가지 방법은 용액에 열을 가하는 것이다. 그러면 모든 분자의 움직임이 빨라지므로, 충돌 기회도 많아져 필요한 활성화에너지가 쉽게 모인다. 이렇게 온도가 섭씨 10도씩 올라갈 때마다 반응이 거의 두 배씩 빨라진다는 건 화학계에서 웬만하면 다 경험으로 알고 있는 기본 법칙이다(거의 모든 반응의 활성화에너지 값이 비교적 좁은 범위 안에 들기 때문에 이 어림 법칙은 잘 통한다).

훨씬 단순한 것으로, 한 분자가 그냥 다른 종류의 분자로 변하는 까닭에 충돌이 전혀 필요하지 않은 '단일분자unimolecular' 반응도 있긴 있다. 이 경우는 분자 대부분이 '에너지 구덩이' 안에 머무는 것에 만족한다고 생각할 수 있다. 그러다 어느 한순간 소수의 분자들만 전이상태에 도달하기에 충분한 에너지를 갖게 되고, 그들은 화학반응으로 넘어간다. 하지만 이때도 마찬가지로 전이상태 분자의 비율은 반응계를 가열해서 높일 수 있다.

이때 촉매는 활성화에너지를 낮춤으로써 열을 가하지 않아도 반응이 일어나도록 돕는다. 산 정상을 넘지 않고 목적지에 도착하게 하는 터널 같은 존재인 셈이다. 앞에서 말했던 것처럼 촉매를 '반응이 종료된 후에도 (마치 터널처럼) 그 자체는 원래 상태 그대로 있는 물질'이라 정의하는 게 바로 그래서다. 이런 촉매의 성질은 아무 대가 없이 보다 많은 분자가 반응에 뛰어들게끔 한다. 그런 까닭에 촉매 분자 하나만으로도 짧은 시간 동안 한 반응

회로를 수천 번 돌릴 수 있다. 이론상으로는 원료물질 공급이 끊기지 않는 한 무한 반복도 가능하다.

생체촉매인 효소는 같은 촉매라도 일반적인 화학촉매들과는 두 가지 측면에서 다르다. 첫째, 효소는 매우 특이적으로 작용한다. 메탄올 같은 알코올의 반응을 가속시키는 화학촉매는 에탄올, 프로판올, 부탄올 등 여타 알코올류에도 비슷하게 작용한다. 반면에 효소는 서로 매우 흡사한 한두 가지 알코올에만 작용한다. 그래서 체내에서 메탄올(탄소가 하나인 알코올)과 프로판올(탄소가 셋인 알코올)을 처리해야 하는 유기체는 각 작업에 맞춰 정교하게 고안된 두 가지 효소를 따로 갖고 있는 게 보통이다. 둘째, 효소는 일반적인 화학촉매들에 비해 어마어마하게 강력하다. 탄산탈수효소carbonic anhydrase(카보닉 안히드라아제)를 예로 들어보자. 중탄산이온과 이산화탄소(CO_2) 사이의 변환은 촉매 없이도 일어나는 반응이다. 하지만 탄산탈수효소가 있으면 폐에 쌓인 이산화탄소를 처분하는 데 매우 중요한 이 반응이 천만 배나 빨라진다. 아무리 효과가 좋아도 속도 향상 정도가 기껏해야 만 배 정도인 화학촉매는 명함도 못 내밀 실력이다.

가역성과 평형

이쯤에서 반응의 또 다른 요소 하나를 알아볼 필요가 있을 것 같다. 바로 가역성可逆性, reversibility이다. 적절한 에너지 환경을 가진 어떤 반응이 있다면, 보통은 어느 한 원료물질이 소진될 때까지 한 방향으로만 계속 반응이 일어나리라고 예상할 것이다. 그런데 실제로는 그렇지가 않다. A와 B가 만나 C와 D가 만들어지는 반응이 있다고 치자. 반응이 진행될수록 A와 B의 농도는 낮아지고 C와 D의 농도는 높아진다. 한동안 그런 식으로 꾸준히 이어진다. 그런데 C와 D의 농도가 높아질수록 A와 B 사이의 반응이 일어나는 비율은 점점 낮아진다. 또, 갈수록 C 분자들과 D 분자들이 서로 자주 충돌하게 된다. 그 가운데 일부는 반응을 일으켜 A와 B를 만들어낸다. 반대 방향의 반응이 동시에 이루어지는 것이다. 그렇게 정반응正反應, forward reaction은 점

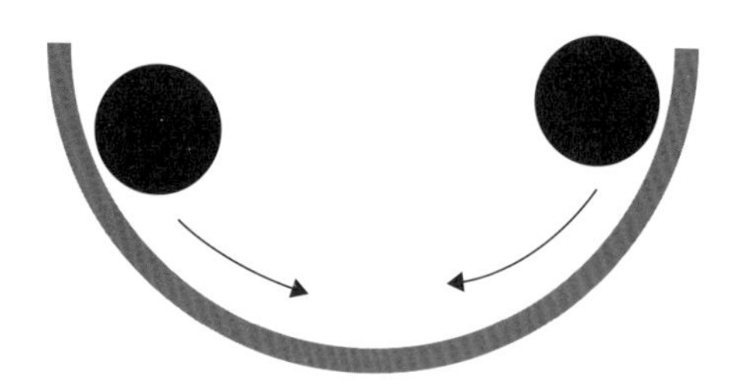

그림 3 활꼴 경사. 양 끝의 공이 (반대쪽을 향해) 굴러 내려가다가 최저점을 지난다.

점 느려지고 역반응逆反應, reverse reaction은 점점 빨라지다가 마침내 두 반응이 정확히 균형을 이루는 순간이 찾아온다. 이때는 어느 방향으로든 반응산물의 총합이 제로(0)가 된다. 이것을 평형상태equilibrium라 한다. 공 모형으로 설명하자면, 이번에는 그림 2와 같이 기울기가 일정한 경사면 대신 그림 3과 같은 활꼴 모양이 더 알맞겠다. 화학반응을 묘사하는 활꼴에서는 양끝에서 가운데로 갈수록 기울기가 완만해지고 중심점으로 오면 바닥면과 수평을 이룬다. 그러다 공이 중심을 넘어가 반대 방향으로 다시 올라가는 것이 역방향 반응을 가리킨다(그림 3).

그런데 사실 반응산물 없이 완벽한 균형을 이루는 순간이 반응에 존재하는 것은 반응물질들 본연의 물리적 성질이고, 촉매작용과는 아무 상관이 없다.

효소를 비롯한 어느 촉매도 반응이 어느 방향으로 진행할지 혹은 얼마나 멀리 갈지를 좌우하지는 못한다. 촉매가 결정하는 것은 오직 평형에 얼마나 빨리 이를 것인지뿐이다. 그러므로 효소도 화학촉매도 어느 방향으로나 반응을 가속시킬 수 있을 것이다. 특정 조건에서 반응이 일어나는 방향은 수많은 변수에 따라 달라지며 그 가운데 반응물질들의 농도가 가장 큰 영향을 미친다. 생체반응 중에는 생리학적 환경에 따라 어느 한쪽으로만 진행되는 것이 많다. 격렬한 운동 후에 일어나는, 피루브산pyruvic acid으로부터 젖산lactic acid이 합성되는 반응이 대표적이다. 그렇게 근육에 젖산이 축적되면 일시적으로 근육통이 느껴진다. 그런데 쉬고 있는 근육에서나 심지어 운동 중의 다른 체조직에서는 같은 효소가 매개하는 생체반응이 정반대 방향으로, 즉 젖산이 피루브산으로 바뀌는 쪽으로 일어난다.

효소 동역학, A부터 Z까지

효소는 어떻게 작용할까? 뷔히너 형제의 세포추출물 실험 결과가 세상에 공개됐음에도 여전히 사람들은 케케묵은 생기론을 포기하지 못했다. 생기론이 제시한 설명은 효소가 살아 있는 세포의 '생기'를 간직하고 있다가 표적분자 가까이에 갔을 때 이 힘을 발산해 촉매작용을 한다는 것이었다. 이 주장의 옳고 그름을 가릴 수 있는 방법은 오직 실험뿐이었다. 20세기로 넘어오고 처음 몇 년은 효소의 화학적 성질에 관한 실마리 하나 얻지 못하고 그냥 흘러갔지만 효소에 관한 체계적 연구는 꾸준히 이어졌고 마침내 중요한 성과를 얻었다. 반응속도를 측정하기 위해서는 일단 반응물질(만약 반응물질이 여럿이라면 적어도 하나 이상)의 농도나 반응산물(혹은 반응산물들 중 하나)의 농도를 정확히 계량할 방법이 있어야 한다. A와 B가 만나 C와 D로 바뀌는 반응 모형에서 A나 B의 농도가 얼마나 줄었는지 혹은 C와 D의 농도가 얼마나 늘었는지 재는 것은 중요하지 않다. 어차피 반응산물 증가량과 반응물질 감소량은 늘 같기 때문이다. 운이 좋으면 반응물질 중 하나가 특별한 성질을 갖고 있어서 실시간 측정이 가능할지도 모른다. 그러면 반응을 실시간으로 따라가면서 속도를 추적할 수 있을 것이다. 하지만 보통은 미리 정한 시점에 시료를 채취해서 분석하는 방법밖에 없다. 이런 경우에는 시험관 안의 반응을 재빨리 종결시켜 더 이상 농도가 변하지 않도록 손쓴 뒤에 반응물질의 농도를 측정한다. 이 방식으로 우리는 반응의 초기 속도initial rate를 추정한다. 초기 속도는 반응이 느려지면서 평형에 가까워지기 전에 농도가 얼마나 빠르게 변하는지를 말해주는 지표가 된다(그림 4).

이 분석 기법에 익숙해지면 반응 환경이 변할 때 초기 속도가 어떻게 달라지는지가 슬슬 궁금해질 것이다. 이를 알아보는 방

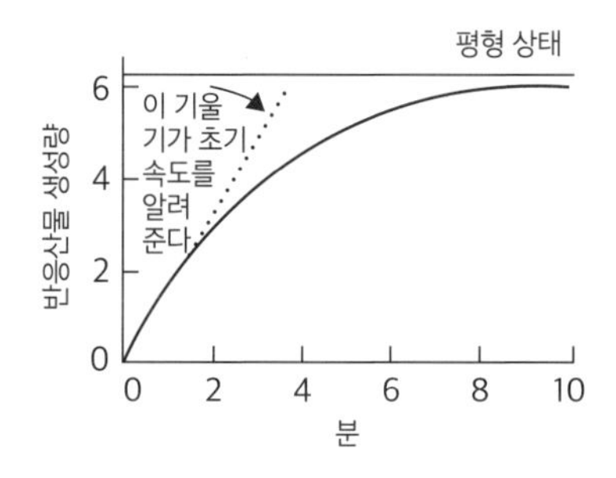

그림 4 시간에 따라 반응이 진행되는 양상

법으로는 두 종류의 실험이 유용하다. 하나는 반응물질은 그대로 두고 효소의 양을 달리해 넣어보는 것이다. 실제로 그렇게 실험을 하면 첨가하는 효소의 양에 비례해 반응이 빨라지는 현상을 확인할 수 있다. 효소를 세 배로 넣으면 반응도 세 배 빨라지는 식이다. 그렇다면 효소는 가만히 두고 반응물질의 농도를 다르게 하면 어떻게 될까? 만약 촉매를 쓰지 않는 단순 화학반응이라면, 반응물질의 양을 두 배로 늘릴 때 주어진 시간 안에 반응에 참여할 분자들의 수도 정확히 두 배가 된다. 그래서 반응물질의 농도를 올려 정확히 그만큼 반응속도를 높이는 게 이론적으로는 무제한 가능하다. 실제로 이와 같은 단순 비례관계는 비촉매 화학반응에서 흔히 목격되는 특징이다(그림 5(a)).

반면에 효소가 촉매로 작용하는 반응은 사뭇 다른 동태를 보

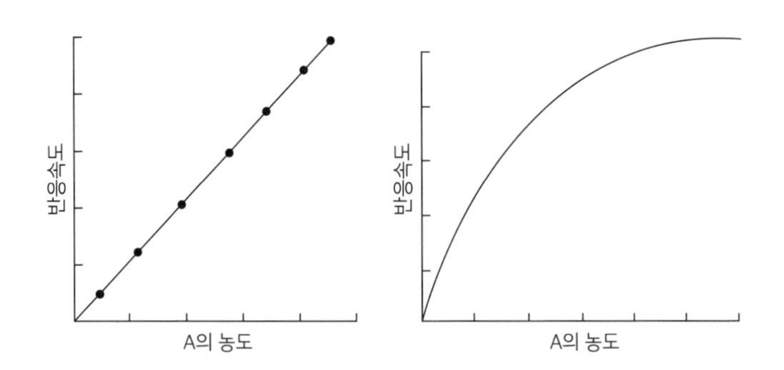

그림 5 반응물질 농도에 따른 반응속도의 변화. (a)는 1차 화학반응, (b)는 효소가 촉매로 작용한 반응.

인다. 각국의 과학자들은 1890년부터 20년에 걸쳐 머리를 맞대고 이 주제를 고민했다. 특히 수크로스가 물을 만나 쪼개지는 반응에 학계의 관심이 뜨거웠다. 주방에서 수크로스는 다 똑같은 설탕일 뿐이지만 화학에서는 이당류二糖類, disaccharide로 세분된다. 다시 말해 이것보다 작고 단순한 당 종류, 그러니까 단당류單糖類, monosaccharide가 따로 있다는 얘기다. 정확히는 수크로스 분자 하나는 단당류인 글루코오스와 프룩토오스가 이어진 것이다(그림 6). 그런데 이 연결 부위에 물이 닿으면 수크로스가

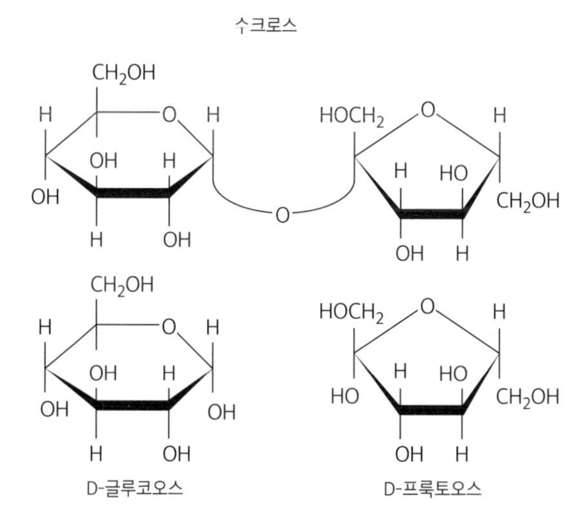

그림 6 세 가지 당 글루코오스, 프룩토오스, 수크로스 분자. 수크로스는 단당류 글루코오스의 1번 탄소(C1)와 프룩토오스의 2번 탄소(C2)가 산소 원자 하나를 끼고 연결된 이당류이다.

다시 단당류 분자 둘로 분리된다. 효소의 도움이 없다면 이 반응은 하세월이 걸리지만 효모 세포나 세포를 깨뜨린 세포액 안에서는 순식간에 완료된다. 전화효소轉化酵素, invertase라는 효소가 거드는 덕분이다(글상자 2).

글상자 2 효소 명명법

갓 독립한 시절, 생화학 분과는 새로 발견되는 효소들에 '~아제ase'로 끝나는 이름을 붙인다는 규칙을 세웠다. 앞부분에는 효소가 상대하는 기질이나 매개하는 촉매반응의 특징적 유형을 함축하는 표현을 넣기로 했다. 가령, 당을 전화轉化, inversion시키는 반응의 효소는 전화효소invertase라 이름 지었다. 트립신trypsin이나 파파인papain처럼 이미 별난 이름으로 불리던 몇몇 사례를 제외하면 거의 모든 효소가 이런 식의 이름을 갖게 됐다. 다만, 주의할 점이 하나 있다. 이 규칙을 따르지만 효소에는 보통 상용명과 체계명이 따로 있다는 것이다. 이 책에서는 일관되게 상용명으로 효소를 언급하려 한다. 상용명이 더 짧고 과학자들도 평소에 대화할 때 훨씬 자주 쓰기 때문이다. 효소가 촉매하는 게 어떤 반응인지 정확하게 알려주지는 않는다는 점에서 상용명이 다소 모호하긴 하다. 이럴 때 바로 체계명이 필요하다. 하지만 체계명은 너무 거추장스러워 평소에는 잘 쓰지 않는다. 예를 들어, 전화효소라는 명칭은 효소가 하는 일을 어림짐작하게 한다. 반면에 베타-디-프룩토푸라노사이드 프룩토하이드롤라아제β-D-fructofuranoside fructohydrolase는 보다 정확하고 자세한 정보를 제공하긴 해도 제대로 발음하기조차 어렵다.

효소학자들은 효소가 다가가서 작용하는 물질들을 총칭해 기질基質, substrate이라 부른다. 그러니까 방금 예시에서는 수크로스가 전화효소의 기질인 셈이다. 이 반응을 동역학의 관점에서 다시 얘기하면 기질 농도를 높여갈 때 물과의 반응속도는 끝없이 증가하지 않고, 어느 순간에는 한계속도에 도달한다(그림 5(b)). 즉, 특정 농도 이상에서는 기질 투입량을 아무리 늘려도 더 이상 반응속도에 영향을 주지 못하는 것이다. 어떻게 이럴 수 있을까? 이 현상을 설명하기 위해 과학자들이 유력한 가설 하나를 제시했다. 한마디로 효소 분자와 기질 분자가 멀리 떨어져서 일으키는 진동이 아니라 두 분자 간의 직접적인 물리 접촉이 촉매작용의 기전이라는 건데, 화학에서는 이를 통해 만들어지는 산물을 **효소-기질 복합체**enzyme-substrate complex 혹은 간단히 E-S 복합체라 부른다. 만약 촉매작용이 오직 이 복합체에서만 일어난다면 최대 반응속도는 효소 분자의 수에 따라 제한될 것이다. 어떻게 보면 도시의 택시 서비스와 흡사하다. 어느 도시에 길에 나온 택시가 5백 대인 상황을 가정해보자. 만약 택시를 잡으려는 행인이 다섯에서 열 명, 많아야 열다섯 명이라고 하면 택시의 운행 횟수는 택시 한 대에 승객이 몇 명씩 타느냐에 따라 달라진다. 이와 달리 5천에서 1만 명, 많게는 1만 5천 명이 택시를 기다린다고 해보자. 이런 경우 대기 줄이 계속 길어져도 택시 운행 횟수에는 변함이 없는데, 택시 대수에 의해

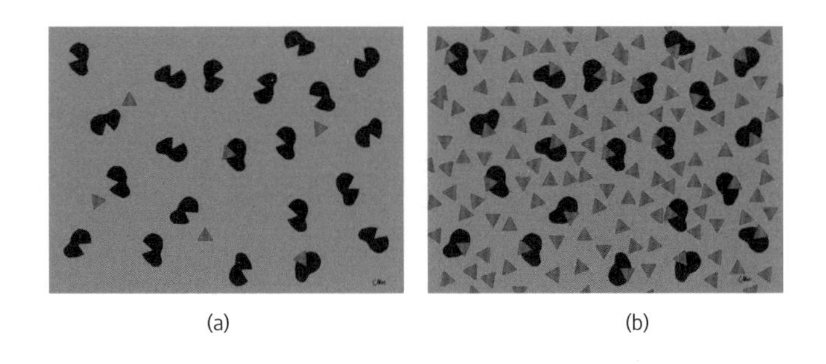

그림 7 효소의 포화. (a)는 기질 농도가 K_m보다 한참 낮을 때를, (b)는 포화상태(V_{max})에 근접한 상황을 보여준다.

전적으로 제한되기 때문이다(그림 7).

전화효소 반응의 수크로스 농도 의존성을 실험적으로도 이론적으로도 가장 완벽하게 설명하는 분석법은 1913년에 레오노르 미카엘리스Leonor Michaelis와 모드 멘텐Maud Menten의 머리에서 나왔다. 멘텐은 캐나다에서 의학박사 학위를 딴 최초의 여성이었지만 조국에서 연구를 지속할 여건이 되지 않았다. 그래서 저명한 화학자인 미카엘리스 교수가 있는 베를린으로 날아갔다. 두 사람은 전화효소 반응을 해설할 간단한 수학 공식 하나를 고안했고, 그렇게 **미카엘리스-멘텐 방정식**Michaelis-Menten equation이 탄생했다.

$$v = \frac{V_{max}[S]}{K_m + [S]}$$

이 방정식에는 두 변수항이 있다. 하나는 실험자가 설정할 수 있는, 기질의 농도 $[S]$이고 다른 하나는 실험을 통해 측정하는 반응속도 v이다(글상자 3). 이때 다음의 두 값이 있으면 약간의 계산을 거쳐 특정 실험 조건하에서의 효소의 동태를 설명할 수 있다. 먼저 V_{max}는 (앞의 택시 비유에서 본 것과 비슷하게) 기질 농도가 높아질수록 가까워지는 한계속도를 말한다. 다음은 미카엘리스 상수로, 흔히 약자 K_m으로 표기한다. 이렇게 두 값만 있으면 택시운전사가 띄엄띄엄 숨어 있는 승객을 얼마나 잘 찾아내는지 가늠할 수 있다.

글상자 3 반응속도 분석하기

초창기 효소학자들에게는 반응이 얼마나 빨리 일어나는지 정확하게 계산하는 것 자체가 현실적인 문제였다. 모든 속도 측정 작업에는 적든 크든 실험상의 오류가 생기기 마련이다. 하물며 그래프를 손으로 직접 그리던 시절엔 곡선을 정확하게 외삽하는 게 쉽지 않았다. 하지만 이후 수십 년 동안 미카엘리스-멘텐 방정식을 개량해 그래프를 직선으로 만드는 여러 가지 방법이 고안됐다. 가령 앞 방정식의 양변을 한꺼번에 뒤집으면 다음과 같은 모양이 된다.

$$\frac{1}{v} = \frac{K_m + [S]}{V_{max}[S]} = \frac{1}{V_{max}} + \frac{K_m}{V_{max}[S]}$$

이 변형된 방정식에 따라 가로축에 $1/[S]$을 놓고 세로축을 $1/v$로 해 그래프를 그리면 $1/V_{max}$에서 세로축과 만나는, 기울기 K_m/V_{max}의 직선을 얻을 수 있다. 이것이 바로 라인위버-버크Lineweaver-Burk 방정식이다(그림 9). 이 방정식은 쉽게 직선을 연장시켜 두 상수 K_m과 V_{max}를 바로 읽을 수 있게 한다(엄밀히는 $1/K_m$과 $1/V_{max}$이지만, 분수를 뒤집는 산수쯤은 일도 아니다).

효소의 동태를 놀랍도록 정확하게 설명해낸다는 사실이 거듭 입증되면서, 그림 9에 묘사된 분석법은 오늘날까지 애용되고 있다. 옛날에는 과학자가 연필로 모눈종이 위에 점을 하나하나 찍어가며 그래프를 손수 그렸다. 그러다 생화학 실험실에 컴퓨터가 등장한 1960년대부터는 그래프를 수기로 작성할 필요가 없게 되었다. 실험으로 얻은 v값과 $[S]$값을 컴퓨터에 입력한 다음 미카엘리스-멘텐 방정식을 가장 잘 따르는 그래프를 그려내라고 명령하면 끝이었다. 현재 나와 있는 다양한 소프트웨어로 이 작업을 할 수 있는데, 그래프가 요즘 분석 도구로서의 실용성은 떨어져서 거의 시연용으로 작성된다.

K_m은 효소가 최대 속도의 절반 성능으로 작동할 때의 기질 농도다. 다시 말해, 만약 K_m이 매우 낮으면 주변 환경이나 시험관 안에 기질이 가물에 콩 나듯 존재할 때조차 효소가 기질 분자를 귀신같이 잡아낸다는 뜻이다. 그렇다면 그림 5(b)의 그래프를 그림 8처럼 다시 표현할 수 있다.

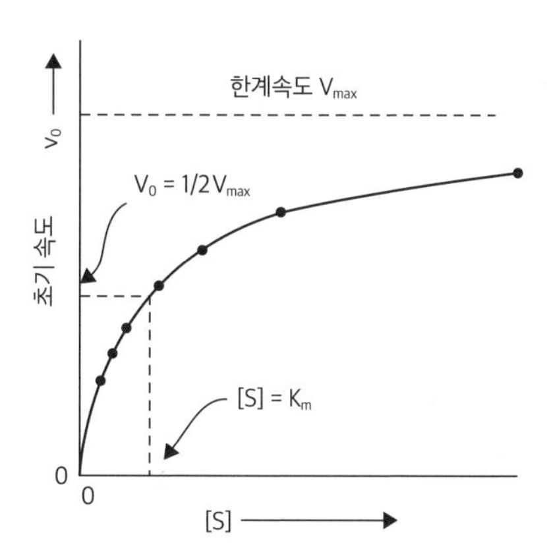

그림 8 기질 농도에 의존적인 반응속도. V_{max}와 K_m이 그래프에 표시되어 있다. V는 반응속도를, [S]는 기질의 농도를 뜻한다.

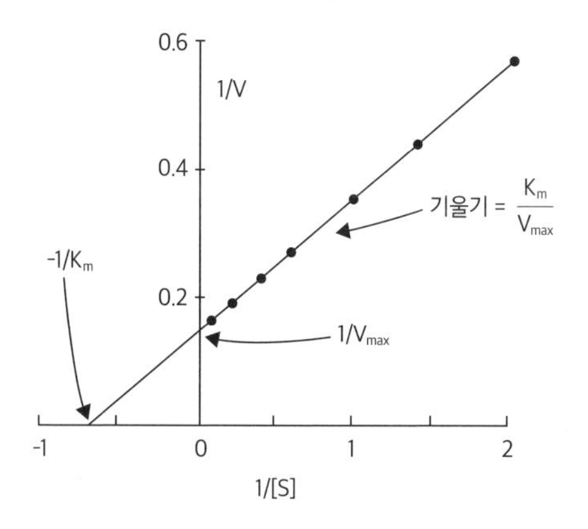

그림 9 라인위버-버크 방정식. 기질 농도의 범위를 잘 고르면 K_m값과 V_{max}값을 한 번에 얻을 수 있다.

이 분석 기법에는 효소와 기질 분자가 1 대 1로 결합한다는 전제가 깔려 있다. 오늘날은 모든 생화학자가 이 분자인식 모형을 너무 당연하게 받아들여서 과소평가되기 일쑤지만, 사실 이것은 엄청나게 중요한 개념이다. 효소는 물론이고 항체, 호르몬, 유전자 스위치, 바이러스 등 생체 내 표적에 작용하는 온갖 분자에 통용되는 원리이기 때문이다. 1 대 1 원칙은 생체현상을 지배하는 모든 생물학적 상호작용의 정밀성과 선택성을 결정한다. 어째서 그런지는 다음 장에서 더 자세히 살펴보도록 하자.

이제 우리는 효소가 활성화에너지를 낮춤으로써 반응을 빨라지게 한다는 걸 이해하게 됐다. 효소 분자는 기질 분자와 물리적으로 직접 상호작용해 잠시 복합체를 형성함으로써 그런 효과를 낸다. 그러나 효소와 기질 간 상호작용이 반응의 방향을 결정하거나 바꾸지는 못한다. 반응이 어느 쪽으로 갈지 결정하는 것은 실험의 조건이다. 그 가운데서도 반응물질과 반응산물의 농도가 결정적이다. 게다가 반응은 반드시 평형을 향해 진행하게 되어 있다. 이 모든 과정에서 효소는 반응이 어느 방향으로 가든 반응속도를 확실하게 높이는 일을 할 뿐이다.

3

효소의 화학적 성질

앞 장에서 살펴본 효소 촉매작용의 기본 원리는 놀랍게도 정작 효소 자체가 어떤 화학물질인지는 전혀 모르는 상황에서 밝혀진 지식이다. 우리가 본 것처럼 효소는 기질을 단단히 붙잡아 촉매활성을 발휘한다. 하지만 이것만으로 효소를 이해하기는 어렵다. 어떤 화학구조가 효소 활성의 크기와 기질 특이성을 좌우할까? 효소 본연의 성질을 조금도 모르면서 생체촉매반응을 논하던 시절엔 그것이 흑마술이나 생기론과 별반 다를 게 없었다. 효소 활성 이론이 먼저 나왔는데도 이상하게 효소의 실체는 오히려 더 알쏭달쏭하기만 했다. 저 거대한 잡탕 반응액에 고작 몇 방울 들어 있는 것으로 결과가 천지 차이로 달라지는데, 그 몇 방울 물질을 분리해 정체를 밝히는 건 사막에서 바늘 찾기만큼 난제 중의 난제였다. 그럼에도 단서가 전혀 없는 건 아니었다. 대체로 효소가 평범한 화학효소들보다 훨씬 섬세한 경향이 있다는 점에서다. 특히, 효소는 열에 쉽게 망가져 영구적으로 불활성화되고 pH(산도 혹은 알칼리도) 변화에도 몹시 예민했다. 도대체 어떤 분자이기에 그런 특징을 가질 수 있었던 걸까?

효소 분리

이처럼 섬세한 효소의 화학적 성질을 밝히기 위해서는 일단 불순물을 전부 제거하고 순수하게 효소만 남기는 게 급선무였다. 곧 이 작업을 위한 여러 가지 기법이 고안됐는데, 모두 분별을 기본 원리로 하는 것이었다. 분별이란 용액을 서로 다르게 행동하는 두 부분으로 나누는 것을 말한다. 때로는 분별에 용해도가 이용됐다. 용해도 차이로 물질을 분리하려면 용액을 미리 정한 온도까지 가열하거나, 유기용매로 처리하거나, 농도가 점점 높아지는 염에 노출시킨다. 종류가 다른 물질들은 같은 환경 변화에도 서로 다르게 반응할 것이다. 그러므로 용액에 녹아 있던 물질들 대부분이 그대로 용해되어 있는 동안 특정 성분은 용액에 녹지 않게 변해 여과나 원심분리로 걸러낼 수 있게 된다. 가장 이상적인 결과는 원하는 효소만 한 분획分劃에 전부 그러모으고 불필요한 성분들은 나머지 분획 하나에 몰아넣는 것이다.

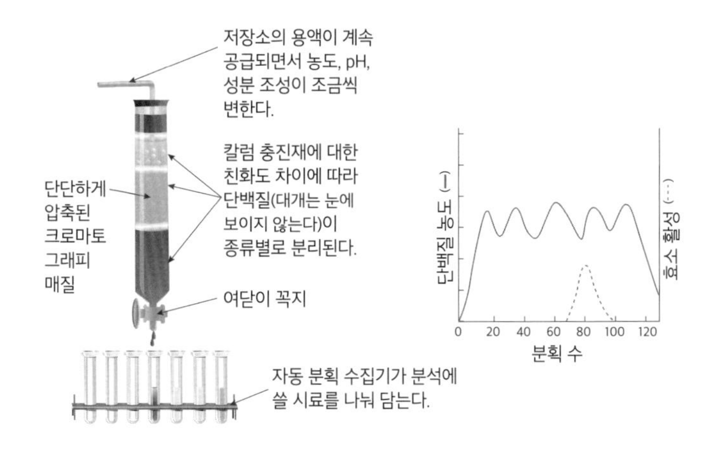

그림 10 칼럼크로마토그래피. 용액을 꼭대기에 부으면 칼럼을 따라 흘러내리면서 단백질들이 종류별로 분리되고, 이것이 분석용 시험관에 따로따로 담긴다.

그러나 현실에서는 이처럼 간단하고 완벽하게 분리되는 경우가 드물다. 보통은 상당한 손실률을 감수하고 여러 단계를 거쳐야 한다. 한편, 고체에 성분을 흡착시키는 기법도 있다. 이때는 미립자 형태의 고체 매질을 길쭉한 관에 액체가 흐를 수는 있을 정도로 꾹꾹 눌러 담아 사용한다. 초창기에는 숯이나 산화알루미늄 가루가 충진재로 자주 사용되었다. 요즘에는 이 목적에 맞게 개발된 합성물질이 다양하게 사용된다. 액체를 관에 통과시키면 용액에 녹아 있는 성분 일부는 충진재에 흡착하고 나머지는 용액에 섞여 그대로 흘러내린다. 역사적인 이유로 이 방법을 **칼럼크로마토그래피**column chromatography라 부른다(그림 10). 본래

크로마토그래피라는 명칭에는 색깔 있는 물질들을 분리한다는 뜻이 담겨 있다. 효소는 대부분 무색이고 다른 검출 방법도 많아졌지만 그냥 옛 이름이 그대로 쓰이고 있다.

과학자들은 분별 단계를 세세하게 조정하고 그것들을 순서대로 합치는 방식으로 효소를 최소 수백 배의 순도로 정제해냈다. 처음에는 그런 정제 정도를 용해되어 있던 물질의 건조중량 단위당 효소 활성의 크기로 가늠했다. 그러다, 뒤에서 살펴볼 훨씬 나은 평가 기준이 옛 방식을 대체하게 되었다.

효소 정제와 논쟁

그렇다면 이러한 정제법의 발전 덕에 효소의 화학적 성질이 오차 없이 정확하게 밝혀졌을까? 그렇지는 않고, 정제법은 오히려 1920년대부터 1930년대까지 이어진 논쟁의 불씨가 되었다. 수많은 저서를 남긴 영국 과학자 J. B. S. 홀데인John Burdon Sanderson Haldane이 대표작 《효소Enzymes》에서 눈치를 보며 애매한 태도를 유지할 정도였다. 논쟁 한쪽 선봉에 선 인물은 두 명의 미국 생화학자였다. 작두콩 우레아제(그림 11)를 연구한 제임스 섬너James Sumner와 췌장 트립신을 연구한 존 H. 노스럽John H. Northrop은 정제된 효소를 결정으로 만들 수 있다는 사실을 발견

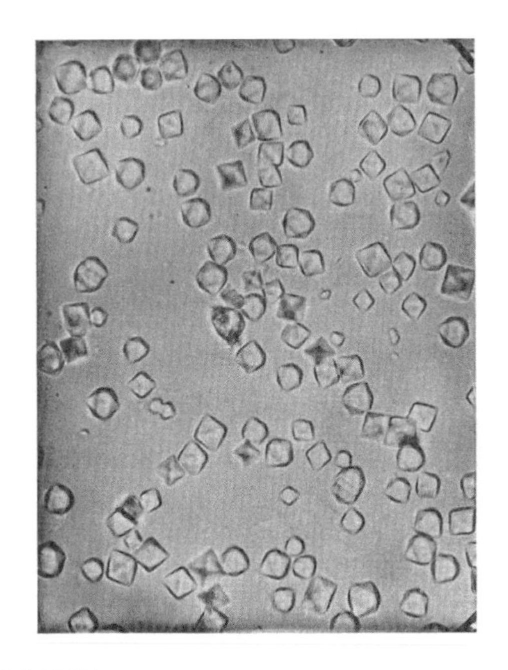

그림 11 우레아제 결정

했다. 뾰족한 모서리로 이뤄진 일정한 기하학적 형태를 갖는 고체 결정은 삼차원 입체 공간에서 분자들이 차곡차곡 배열될 때 만들어진다.

결정화는 물질의 순도를 높이거나 증명하는 기법으로 종종 사용된다. 결정화가 된다는 사실은 분자가 재현 가능한 질서 있는 구조를 갖는다는 것을 뜻한다. 만약 그렇지 않다면 분자가 차곡차곡 배열될 수 없다. 그런데 이 결정들은 검사에서 확인되는 단백질의 특징적 성질을 보이고 있었다(그때쯤엔 단백질이 생화학분자의 한 대분류이자 식품의 핵심 성분 중 하나로 이미 자리 잡은 상황이었다). 그래서 섬너와 노스럽은 이 단백질 결정들이 순수한 효소의 결정이라고 확신했던 것이다. 하지만 다른 과학자들은 단백질을 결정화할 수 있다는 주장에 바로 찬동하기를 주저했다. 지난 수년 동안 단백질일 것으로 기대되다가 결국 단순한 염鹽 결정으로 드러난 사례가 수두룩한 탓이었다. 노벨상 수상자인 리하르트 빌슈테터Richard Willstätter마저 섬너의 아이디어를 공격했다. 효소 정제 경험이 많고 효소학 발전에 크게 기여한 독일 석학의 주장에는 누구도 반박하기 어려웠다. 빌슈테터의 논리인즉, 그 자신이 성공적으로 정제했던 페록시다아제peroxidase(과산화효소) 분리액에서 단백질이 측정되지 않았으니 효소가 단백질일 리 없다는 것이었다.

오늘날에는 몇몇 예외를 빼면(6장을 참고하라) 미국 과학자들의 말이 진실이었다는 걸 다들 안다. 생체효소는 단백질이다. 세상에는 앞서 언급한 섬세함을 모두 가진 화학물질 부류가 존재한다. 끓는 물에 달걀이 삶아지거나 산을 넣은 우유가 꾸덕꾸덕해지는 게 전부 그런 물질의 특별한 성질 때문이다. 그렇다면 과학자들은 어쩌다가 서로 다른 결론을 내리게 된 걸까? 이론적으로는 어쩌면 어떤 효소(가령 트립신과 우레아제)는 단백질이고 다른 효소(가령 페록시다아제)는 단백질이 아니기 때문일 수도

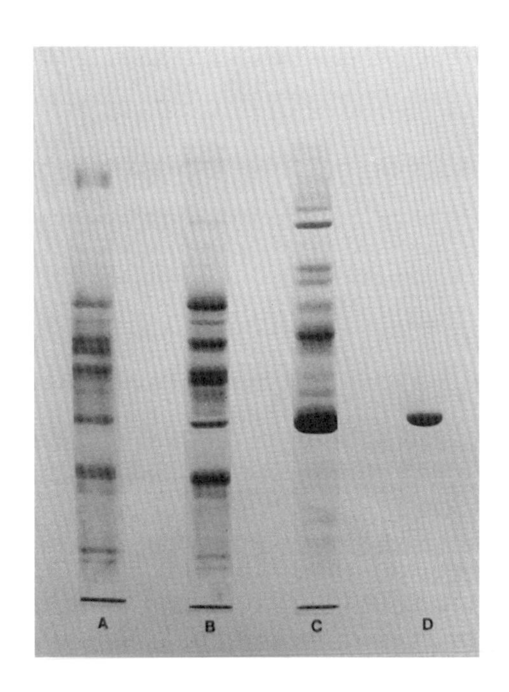

그림 12 폴리아크릴아미드 겔에 계면활성제인 도데실황산나트륨SDS, sodium docecyl sulfate을 넣고 단백질을 분석하는 전기영동법電氣泳動法. SDS의 도움으로 곧게 펴진 단백질들이 겔 위에서 크기순으로 줄 서듯 분리된다. 원래는 맨눈으로 보이지 않지만 전기영동 후 염색하면 위와 같은 모습이 나온다.

있지만, 이건 충분한 설명이 못 된다. 빌슈테터가 틀린 결론에 이른 건 크게 두 가지 문제 탓이었다. 첫째, 당시의 단백질 검출 기술은 그렇게 민감하지 않았다. 둘째, 페록시다아제는 엄청나게 강력한 효소다. 그래서 용액에 페록시다아제 분자가 조금만 들어가도 폭발적인 촉매작용을 일으킨다. 즉, 빌슈테터의 실험에서는 당시 기술력으로 단백질을 검출하기에는 페록시다아제 농도가 턱없이 낮았다.

당시의 효소학에는 충분히 순수하다고 말할 수 있으려면 효소를 몇백, 몇천 배, 혹은 몇만 배까지 정제해야 하는지 알려주는 확실한 기준이 없었다. 솔직히 이 기준값은 오직 누군가 실제로 정제를 해보고 순도가 거의 100퍼센트라는 걸 증명하고 나서만 공식적으로 언급할 수 있다. 오늘날에는 우리가 얻고자 하는 효소가 바로 단백질이라는 사실을 잘 알고 있으며, 이 다양한 단백질을 분리해서 검출하는 뛰어난 분석 기술(그림 12를 참고하라) 덕분에 효소 시료에 우리가 원하는 그 단백질만이 들어가도록 만드는 것이 가능하다.

그런 까닭에 현대에는 정제 공정을 모니터링하는 동안 총 단백질의 단위중량당 효소 활성을 가장 중요하게 따진다. 물론 핵산, 탄수화물, 지방 같은 주변 물질까지 모조리 제거하면 더할 나위 없이 깔끔할 것이다. 하지만 이런 것들은 효소가 아니라는 걸 이제는 모두가 안다. 게다가 불순물처럼 보이는 미지의 단백질이 알고 보니 찾던 효소인 경우도 있다. 표 1은 일반적인 정제 과정동안 보여지는, 순도와 총 효소 활성 수율과의 상관관계를 보여준다.

표 1 효소 정제 과정

분획	단백질(mg)	총 활성	고유활성도 (총 효소 활성 ÷ 단백질 mg 수)	전체 효소 정제도	활성 수율(%)
1단계 산화반응이 일어나는 간 미토콘드리아를 추출	4,165	180	0.043	1	100
2단계 황산암모늄을 이용해 분별	2,770	178	0.064	1.49	99
3단계 이온교환 칼럼을 통과시켜 분획을 능동 분리	296	119	0.40	9.3	66
4단계 크로마토포커싱	27	40	1.42	33	22

이것은 지방 산화효소를 정제하는 과정에서 실제로 나온 데이터값이다. 산소를 소비해 음식물을 분해하면 생성되는 에너지는 미토콘드리아라는 아주 작은 세포소기관에 저장되는데, 오직 미토콘드리아 안에만 지방 산화효소가 존재한다. 즉, 처음에 세포 내용물에서 미토콘드리아만 골라낸 것 자체로 이미 괜찮은 정제도 수준에서 공정을 시작하는 셈이다. 2단계에서는 효소 활성이 거의 다 보존되는 대신 정제 효율은 그리 높지 않다. 대조적으로, 4단계에서는 순수한 효소 단백질을 최종적으로 얻지만 3단계에 간직했던 66% 활성의 3분의 2를 포기해야 한다. 크로마토포커싱chromatofocusing이란 단계적 격차를 둔 pH(산도 혹은 알칼리도) 경사를 이용해 단백질을 분리하는 전기 분석 기법이다.

단백질이란 무엇일까?

효소가 단백질임을 받아들인다면, 단백질이 화학적으로 어떤 물질이고 단백질의 어떤 성질이 이 놀라운 촉매효과를 설명해낼지 곰곰이 생각해볼 필요가 있다. 단백질은 생물학적 중합체重合體, polymer로, 이는 곧 비슷한 단위분자들이 줄줄이 연결되어 거대분자를 이룬다는 뜻이다. 중합체 중에는 같은 종류의 단위들만 모인 동종중합체同種重合體, homopolymer도 있지만, 단백질은 이종중합체異種重合體, heteropolymer라서 비슷하지만 똑같지는 않은 단위들로 구성된다. 이와 같은 단백질의 단위 구조를 알파(α)-아미노산이라고 하는데, 그 공통 구조는 그림 13처럼 생겼다.

그림의 모형을 보면 중심에 α-탄소 원자 C가 있고 탄소는 원자가에 해당하는 네 '팔'을 뻗고 있다. 한 팔의 끝에는 아미노기(-NH_2)가 달려 있고 또 다른 팔은 α-탄소와 카르복실기(-COOH)를 잇는다('기基'는 화학반응에서 분해되지 않고 마치 한 원자처럼 행동하는 원자들의 덩어리를 의미한다—옮긴이). 바로 이 부분 때문에 단백질 분자가 산성을 띤다. 아미노산amino acid이라는 이름도 여기서 나온 것이다. 나머지 두 팔의 경우, 하나는 수소 원자(H) 하나만 가볍게 들고 있고 마지막 하나는 'R기'와 이어진다. 여기서 'R'은 '뭐든지 될 수 있다'는 뜻이다. 예를 들어, R기 자

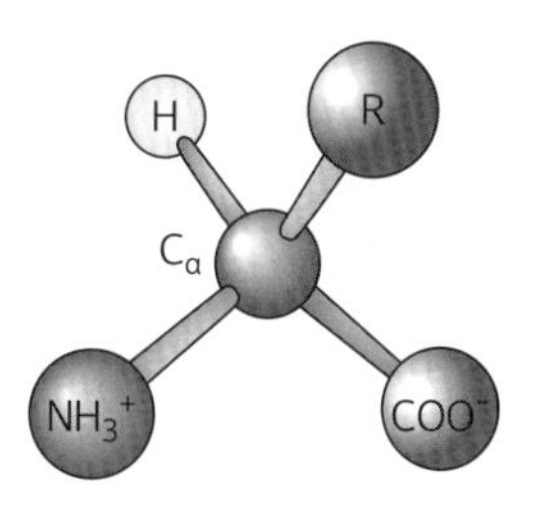

그림 13 간결하게 표현한 α-아미노산의 구조. α-탄소에 아미노기와 카르복실기가 달린 까닭에 합쳐서 아미노산이라는 이름으로 불린다. α-탄소는 곁사슬 'R'기와도 연결되어 있다.

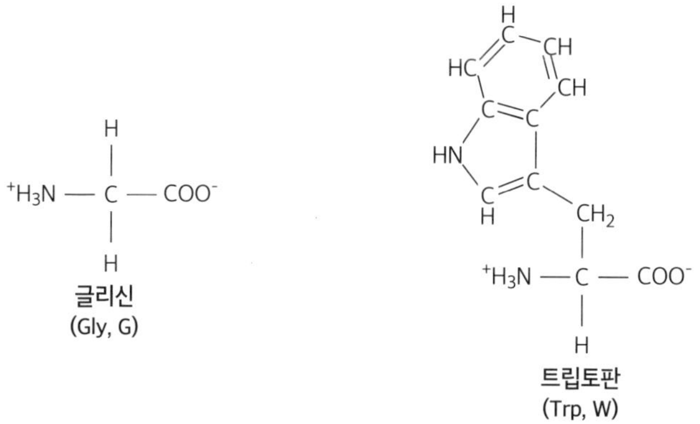

$$^{+}H_3N - \underset{\displaystyle H}{\overset{\displaystyle H}{C}} - COO^{-}$$

글리신
(Gly, G)

H
HC C CH
CH
C C
HN
C C
H CH2

$$^{+}H_3N - \underset{\displaystyle H}{C} - COO^{-}$$

트립토판
(Trp, W)

그림 14 단백질을 구성하는 스무 가지 아미노산 가운데 덩치가 가장 작은 글리신과 가장 큰 트립토판

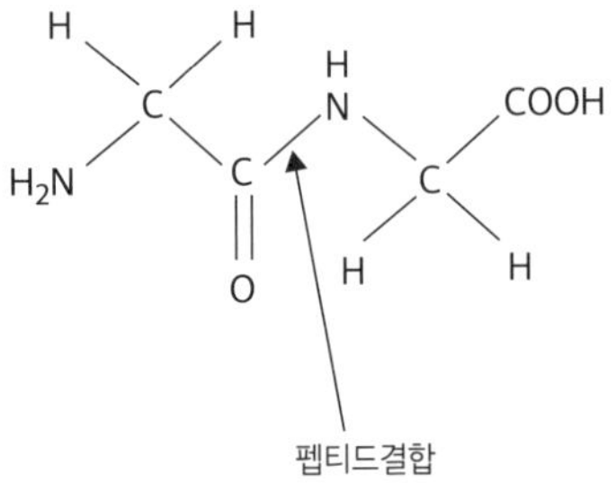

그림 15 펩티드결합. 단백질 분자 안에서 아미노산들이 이런 펩티드결합으로 줄줄이 연결되어 긴 사슬을 이룬다.

리에 수소 원자가 오면 가장 조그만 아미노산인 글리신이 되고 커다란 이중고리 구조를 R기로 가지면 가장 덩치 큰 아미노산인 트립토판이 된다(그림 14).

아미노산들은 마치 기차 칸처럼 일렬로 연결되어 단백질 분자 하나를 이룬다. 앞 아미노산의 아미노기가 뒤 아미노산의 카르복실기와 손잡고 **펩티드결합**peptide bond을 형성하는 식으로 말이다(그림 15). 펩티드결합이 이루어질 때는 카르복실기의 -CO와 아미노기의 -NH가 손을 맞잡는다. 만약 어느 단백질 분자 안에 아미노산이 100개 들어 있다면 펩티드결합 99개가 존재한다는 뜻이다. 이때 한쪽 끝의 α-아미노기와 반대쪽 끝 α-카르복실기는 무엇에도 붙잡히지 않고 자유롭게 있다. 이런 형태의 단백질 분자를 화학에서는 선형 **폴리펩티드**polypeptide라고 한다.

아미노산 서열

모든 단백질 분자는 단위 아미노산들이 일정한 순서로 나열돼 이뤄진다. 이 일차 구조는 스무 가지 R기 선택지(아미노산 스무 종을 의미한다. 이와 관련해서는 글상자 4를 참고하라.) 중에서 그때그때 딱 맞는 것을 골라 이어 붙여 만들어지는데, 어느 아미노산이 어디에 들어갈지는 DNA 염기(G, C, A, T) 암호로 유전자에 이미 새겨져 있다. 단백질은 종류에 따라 분자 길이도 다르다. 아미노산 200~500개짜리가 가장 흔하지만 더 짧거나 훨씬 긴 것도 있다. 1957년, 영국 케임브리지의 프레더릭 생어Frederick Sanger는 단백질의 아미노산 서열을 정확하게 분석하는 기법을 세계 최초로 고안해 생애 첫 노벨상을 수상했다(그림 16). 당시 그가 보고한 사례는 인슐린이라는 호르몬 단백질의 아미노산 서열이었다(그림 17). 생어는 단백질을 큼지막하게 조각낸 다음 이 조각들을 하나하나 정밀 분석해 전체 서열을 완성할 수 있었다.

한편 1953년에는 같은 케임브리지대학교 출신인 제임스 왓슨James Watson과 프랜시스 크릭Francis Crick이 핵산이 유전물질의 요체라는 사실을 발견했다. 잘 알려진 것처럼, 세포 안에는 특별한 기구가 있어서 유전자에 가지런히 새겨진 DNA 암호를 해독해 그 순서 그대로 아미노산들을 엮어 단백질을 합성한다. 각 아미노산은 세 글자 '코돈codon' 형태로 암호화되어 있다. 예

그림 16 드물게 노벨상 2관왕에 오른 프레더릭 생어. 처음엔 단백질의 아미노산 서열을 분석한 혁신적 연구로, 두 번째는 DNA의 뉴클레오티드 서열을 밝힌 공으로 수상했다.

를 들어 티미딘 염기 세 개가 연달아 나오는 TTT는 아미노산 리신을 합성하라는 암호다. 이처럼 DNA 염기서열부터 단백질 아미노산 서열까지 어떤 암호체계로 연결되는지를 조사하는 **유전암호**genetic code 연구는 1960년대에 큰 진척을 이뤘다. 여기에는 특정 염기서열을 갖도록 인위적으로 합성한 짧은 핵산 조각의 도움이 컸다.

생어의 인슐린 연구가 공개되고 사반세기 동안 수많은 과학자의 피땀으로 각종 단백질의 아미노산 서열 데이터가 쌓여갔다. 그러면 유전암호 목록을 토대로 이 아미노산 서열에서 DNA

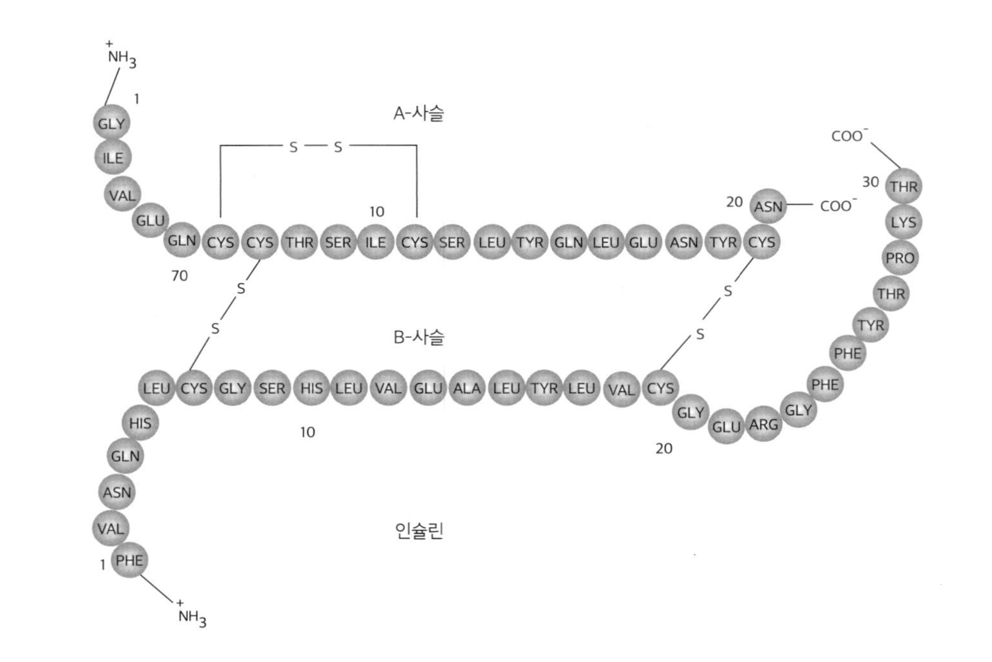

그림 17 인슐린의 아미노산 서열. 이 호르몬 분자는 두 폴리펩티드 사슬이 다이설파이드 disulfide 결합을 통해 연결된 모양새를 하고 있다. 세 글자 약어의 뜻은 59쪽 표 2를 참고하라.

염기서열이 추론되었다. 그러다 1980년대로 들어오면 다시 천재 생어의 손에 형세가 반전된다. 모두가 DNA에서 염기서열을 바로 알아내는 게 기술적으로 불가능하다고 여기던 가운데 생어가 해결책을 찾아낸 것이다. 이 일은 그에게 생애 두 번째 노벨상을 안겨주었다. 이후 속속 등장하는 새로운 유전자 서열 데이터는 아직 발견되지 않았던 단백질, 진짜 기능이 밝혀지지 않았던 단백질의 발견 등으로 이어지면서 아미노산 서열 연구를 주도해나갔다. 한술 더 떠 시간이 흐르면서 DNA 분석 기술이 자동화되고 분석 시설도 소형화되면서 비용까지 몰라보게 저렴해졌다. 아미노산 서열 분석 기법도 버금가게 진일보하긴 했지만, 현재 단백질의 아미노산 서열을 밝히는 작업은 이미 염기서열이 알려진 유전자를 가지고 시작하는 경우가 대부분이다.

글상자 4 아미노산의 줄임말

단백질 분자는 스무 가지 아미노산의 조합으로 구성된다. 아미노산 중에는 이름이 꽤 긴 것도 있는데, 아미노산 배열 순서를 알면 좋은 경우가 많기 때문에 약자로 표시하는 게 편리하다. 먼저는 이름을 영문 알파벳 세 자로 줄이는 방법이 있다. 대개는 전체 영문명 중 첫 세 자만 따서 만든다(알라닌은 Ala, 류신은 Leu와 같은 식으로 표시한다). 길이가 상당히 긴 단백질은 아예 각 아미노산을 알파벳 하나로 확 줄여 표시한다. 알파벳이 총 26개이고 아미노산이 20종이니 언뜻 간단한 일처럼 보인다. 하지만 안타깝게도 아미노산 이름을 지은 선구자들은 일부 아미노산들의 첫 글자가 겹칠 상황을 예측하지 못한 것 같다(알라닌, 아르기닌, 아스파라진산, 아스파라진처럼 말이다). 그런 까닭에 한 글자 약어는 생각만큼 직관적이지 않다. 앞으로 이 책에서 두 가지 약어 방식이 모두 등장할 것이므로 일찌감치 표 2에 정리해둔다.

표 2 아미노산의 표준 약어

국문 이름	영문 이름	세 글자 약어	한 글자 약어
알라닌	Alanine	Ala	A
아르기닌	Arginine	Arg	R
아스파라진	Asparagine	Asn	N
이스파라진산	Aspartic acid	Asp	D
시스테인	Cysteine	Cys	C
글루탐산(글루타메이트)	Glutamic acid	Glu	E
글루타민	Glutamine	Gln	Q
글리신	Glycine	Gly	G
히스티딘	Histidine	His	H
이소류신	Isoleucine	Ile	I
류신	Leucine	Leu	L
리신	Lysine	Lys	K
메티오닌	Methionine	Met	M
페닐알라닌	Phenylalanine	Phe	F
프롤린	Proline	Pro	P
세린	Serine	Ser	S
트레오닌	Threonine	Thr	T
티로신	Tyrosine	Tyr	Y
트립토판	Tryptophan	Trp	W
발린	Valine	Val	V

단백질 분자의 모양

곧게 늘어선 아미노산들은 보기만 해도 장관인 데다 단백질들, 인구집단들, 생물종들 간의 진화적 관계에 관한 수많은 비밀을 간직하고 있다(6장을 참고하라). 하지만 지금 이 모습은 단백질의 동태와 작용을 조금도 설명하지 못한다. 원래 단백질 분자는 딱딱하고 길쭉한 스파게티 건면과는 딴판으로 유연하다. 그렇다고 아무렇게나 엉겨 붙은 삶은 면발 같은 건 또 아니다. 만약 그랬다면 단백질은 결정화될 수 없었을 것이다. 군대가 행진하는 것처럼, 똑같이 생긴 특정 단백질 분자들이 딱딱 각 맞춰 정렬해야만 결정이 되기 때문이다. 나중에 인정받은 사실이지만 결정화되는 성질은 단백질 구조를 푸는 열쇠가 되었다. 발단은 먹는 소금이었는데, 20세기 초 영국 리즈대학교의 로런스 브래그Lawrence Bragg는 소금(즉, 염화나트륨)처럼 단순한 분자의 결정이 엑스선을 산란시킨다는 걸 알아냈다. 분자 결정이 삼차원 공간에 조금씩 다른 농도로 수많은 점들을 수놓으면 사진처럼 찍을 수 있었고, 역으로 사진 건판에 박제된 특유의 무늬를 읽어 미지 분자 구조를 유추할 수도 있었다. 게다가 비슷한 시기인 1930년대에는 영국으로 망명해 케임브리지에 정착한 또 다른 과학자 맥스 퍼루츠Max Perutz가 엑스레이 결정학X-ray crystallography의 기틀을 닦았다. 엑스레이 결정학은 훨씬 크고 복잡한 단백질

그림 18 미오글로빈의 삼차원 구조. 미오글로빈은 엑스레이 결정학을 통해 삼차원 구조가 최초로 밝혀진 단백질이다. 그림에 제시된 모형은 아미노산 곁사슬들은 생략하고 폴리펩티드 사슬이 접히는 대략적인 모습만 보여준다.

분자들의 구조를 알아내려는 동료 과학자들에게 앞으로 든든한 지원군이 될 분석 기법이었다. 무려 20년이 걸려서 1950년대에 마침내 첫 성과가 나왔다. 케임브리지 결정학자들이 포유류의 근육에 산소를 저장하는 단백질인 미오글로빈의 구조를 밝히는 데 성공한 것이다. 존 켄드루John Kendrew 연구팀이 특별히 이 단백질을 고른 것은 미오글로빈이 생체 내에 워낙 많기도 하고 아미노산 153개짜리로 크기가 작은 편이기 때문이었다. 한편 퍼루츠도 퍼루츠 나름대로, 비슷한 종류지만 조금 더 큰 다른 단백질인 헤모글로빈의 구조를 푸는 프로젝트를 진행 중이었다. 헤모글로빈은 적혈구가 폐에서 산소를 받아 온몸으로 운반하는 데에 필요한 물질이다. 퍼루츠는 1958년에 헤모글로빈 구조를 성공적으로 밝혀냈다.

인슐린과 마찬가지로, 미오글로빈이나 헤모글로빈 어느 쪽도 효소는 아니다. 그럼에도 둘 다 단백질의 공통 특징 두 가지를 갖고 있었다. 적당한 규칙성이 있으면서도 개성적인 형태를 빚을 만큼의 적당한 불규칙성 또한 동시에 존재한다는 점에서다. 정확한 복합 구조를 형성하는 데 필수인 이 특징은 효소 작용의 비밀을 이해하는 데에 중요한 단서다. 그림 18은 미오글로빈의 삼차원 형태를 묘사한 것인데, 막대 모양 구간들이 얼핏 아무렇게나 꺾여 있는 것처럼 보인다. 그런데 막대 부분을 확대하면 실은 하나하나가 일정한 간격으로 돌돌 말린 코일 형태라는 걸 알 수 있다. 바로 알파 헬릭스α-helix 구조다. 이 형태는 펩티드 사슬이 만들 수 있는 몇 안 되는 규칙적 패턴 중 하나이며, 단백질

표 3 단백질 구조 단계의 순서

구조 단계	정의와 특징
일차 구조	아미노산들이 일렬로 연결된 폴리펩티드 사슬
이차 구조	알파 헬릭스, 베타 시트 등 일차 구조가 규칙적으로 반복해서 접힌 것
삼차 구조	이차 구조가 접혀 불규칙하지만 정확한 삼차원 형태를 이룬 것
사차 구조	접힌 폴리펩티드들이 모여 보다 큰 기능적 분자를 형성한 것. 한 종류의 폴리펩티드로만 되어 있을 수도 있고 그렇지 않을 수도 있다.

의 이차 구조로 분류된다. 하지만 미오글로빈 분자는 알파 헬릭스 하나로만 된 단순한 구조가 아니다. 길이도 제각각인 알파 헬릭스 여럿이 고리 같은 것으로 이어져 사방팔방으로 누워 있는 모양새를 하고 있다. 이와 같은 삼차원 배치를 단백질의 삼차 구조라 한다. 그나마 미오글로빈은 이 삼차 구조가 마지막이지만 헤모글로빈은 구조 단계가 하나 더 있다(사차 구조). 미오글로빈과 비슷하게 생긴 소단위구조들이 마치 산딸기 알맹이들처럼 옹기종기 모여 보다 안정한 전체 구조를 이루기 때문이다. 이와 같은 단백질 구조 단계의 순서를 표 3에 다시 정리하고 각각을 설명해놓았다.

단백질 접힘

단백질의 구조가 최초로 밝혀지기까지의 과정은 험난했지만, 60년이 지난 현재 국제 데이터베이스는 무려 단백질 10만여 종의 삼차원 구조 정보를 보유하고 있다. 구조가 알려진 단백질들은 크기와 모양이 제각각이지만 모두 아미노산들이 정렬한 일차원 구조가 최종 형태를 근본적으로 좌지우지한다는 공통점을 보인다. 말하자면, 접히는 방식에 수많은 선택지가 있음에도 세포 안에 들어 있는 단백질 합성기구에서 갓 뽑아져 나온 폴리펩티드 사슬은 어째선지 자신이 정확히 어느 길을 통해 어디로 가야 하는지 이미 알고 있다는 얘기다. 이 신비로운 성질을 간단하게 직접 확인할 수 있는 실험이 있다. 단백질을 억지로 곧게 편 뒤에 주변 환경에 변화를 준 다음 '알아서 돌돌 말리도록' 내버려뒀을 때 단백질이 제 모습으로 잘 돌아가는지 관찰하는 것이다. 이때 엉망으로 뒤얽혀 갈팡질팡하는 분자도 종종 있긴 하다. 그러나 대부분의 단백질은 정확하게 착착 접혀 생체활성을 가진 삼차원 구조 그대로 복귀한다.

단백질 분자 안에서 작용하는 힘

효소 촉매작용 얘기를 본격적으로 시작하기에 앞서, 마지막으로 단백질 분자 안에서 작용하는 힘과 상호작용의 종류를 간단히 짚고 넘어갈까 한다. 이걸 먼저 알아두면 생물학적 활성 상태의 단백질 분자를 일정한 형태로 유지시키는 원동력이 뭔지, 어떤 상호작용이 새로 만들어지는 단백질 분자를 정확한 경로에 따라 최종 접힘 상태에 이르게 하는지 헤아리기 편하다. 무엇보다, 효소가 궁금한 우리에게는 이 힘들을 기억하는 게 효소 분자가 기질과 어떻게 상호작용하는지를 더 잘 이해하는 데에 특히 유용할 것이다. 원래 이 힘들은 단백질 분자만이 아니라 온갖 생체분자들에서 폭넓게 작용한다. 그뿐만 아니라 생체분자보다 훨씬 작은 화학물질을 다루는 무기화학 영역에서도 기본이 되는 힘이다. 다만 생체분자가 특별하다고 얘기하는 건 한 가지, 촉매작용이 얽힌 각종 생명현상마다 확실한 맞춤 해결책이 있다는 점 때문이다. 어쩌면 자연이 삼차원 공간에서 제멋대로 일어나던 상호작용들을 자연선택이라는 과정을 통해 차근차근 모아 조직해온 게 아닐까.

이 힘들 중 가장 이해하기 쉬운 것은 아마도 **정전기 효과** electrostatic effect일 것이다. 이것은 양전하를 띤 물체와 음전하를 띤 물체가 서로에게 강하게 끌리고 양전하든 음전하든 같은 전하를 띤 물체끼리는 서로를 거세게 밀어내는 것을 말한다. 단백질의 기본 구성요소로 돌아가서, 각 아미노산은 아미노기 하나와 카르복실기 하나를 갖고 있다. 정상적인 생체조건에서 아미노기는 양전하를 띠고 카르복실기는 음전하를 띤다. 그러나 폴리펩티드 사슬 양 끝의 두 개는 제외하고, 아미노산들은 서로 결합해 단백질을 형성하면서 이 전하를 잃는다. 그러므로 단백질이 정전기 효과를 내는 근원지는 α-아미노기나 α-카르복실기가 아니라, 스무 가지 아미노산 분류의 기준이기도 한 곁사슬 R기에 있다. 보통 생체 내에서 아미노산 스무 종 중 두 가지는 음전하를, 세 가지는 양전하를 항상 띠고 있거나 하전 상태와 중성을 왔다 갔다 한다(그림 19). 전형적인 단백질이라면 일차

리신
(Lys, K)

아르기닌
(Arg, R)

히스티딘
(His, H)

기본 아미노산인 리신, 아르기닌, 히스티딘

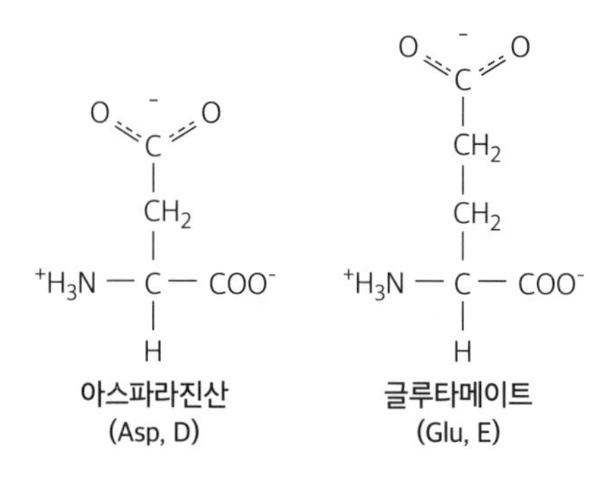

카르복실기 곁사슬이 달린 아미노산

그림 19 전하를 띠는 아미노산. 위의 다섯 가지 아미노산은 늘 혹은 종종 곁사슬에 전하를 띤 상태로 존재한다.

구조에 이런 아미노산이 다수 들어 있을 것이다. 그러므로 양이든 음이든 이런 전하들이 전체적으로 서로 반대 전하를 띤 아미노산 곁사슬들 혹은 다른 분자들을 좋아라 끌어당기는 게 당연하다.

큰 영향력을 발휘하는 또 다른 힘으로 **소수성**疏水性, hydrophobic **상호작용**이 있다. 단어는 생소하지만 사실 친숙한 현상이다. 기름방울이 수면에 떨어지면 퍼질 듯하다가 곧바로 다시 뭉치는 모습을 누구나 보았을 테니까 말이다. 이렇게 해서 기름방울이 표면적을 줄이면 기름과 물 사이의 계면에서 에너지를 낭비하며 벌여야 하는 상호작용을 최소화할 수 있다. 아미노산 스무 종 중 절반 가까이는 탄화수소가 압도적인 비중을 차지하는 R기 곁사슬을 가진다. 그리고 그런 곁사슬은 당연하게도 물을 싫어하는 소수성을 띤다. 소수성 곁사슬들은 단백질이 접힐 때 견인 장치 역할을 해서 몸을 한껏 옹송그리게 한다. 그 결과로 단백질 분자 안쪽에 **소수성 중심**이라는 공간이 생긴다.

세 번째로, **수소결합을 이루는 힘** 역시 단백질에 중요하다. 아미노산들이 산소에 이중결합된 탄소 원자와 수소 하나를 매단 질소 원자가 이어지는 펩티드결합을 통해 단백질을 형성한다는 얘기를 기억할 것이다. 그런데 이 펩티드결합에서 C=O 부분은 수소결합 받개 역할을 그리고 NH 부분은 수소결합 주개 역할을 할 수 있다. 공간 제약 때문에 한 펩티드결합 안에 있는 C=O

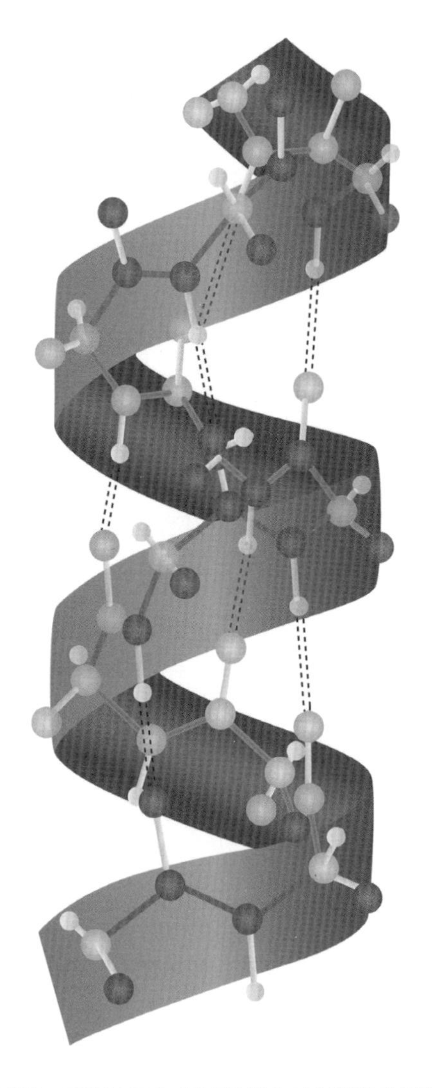

그림 20 알파 헬릭스. 단백질 구조의 가장 흔한 형태. 거의 평행하게 이루어지는 수소결합이 겹겹이 쌓이면서 분자가 탄탄해진다.

부분과 NH 부분끼리 수소결합을 만들기는 어렵다. 그러나 한 펩티드결합의 C=O와 다른 펩티드결합의 NH 사이에서는 수소결합이 얼마든지 형성될 수 있다. 이런 수소결합이 이루어질 경우 대개는 받개 산소가 질소 원자에 달려 있던 수소를 낚아 온다. 그렇다고 수소가 저쪽으로 완전히 넘어가는 건 아니고 두 원자가 수소 하나를 공유하는 이른바 삼각관계를 이룬다. 삼각관계의 최종 알짜 효과는 C=O와 NH가 애매한 힘으로 이어지는 것이다. 이 수소결합의 세기는 진짜 화학결합처럼 강하고 안정하지는 않지만 지근거리에 어떤 분자가 오게 할지 결정할 만큼은 된다. 1948년, 미국 화학자 라이너스 폴링Linus Pauling은 폴리펩티드 사슬 안에서 펩티드결합이 규칙적으로 반복되는 것의 중요성을 일찌감치 간파했다. 화학상만이 아니라 평화상 부문에서도 노벨상을 거머쥘 정도로 넓은 시야를 가졌던 그는 사슬이 올바르게 접히면 수소결합이 다수 만들어질 것임을 알아챘다.

실제로, 아미노산 3.6개마다 한 바퀴를 이루는 나선helix 모양으로 접힌 사슬에서는 C=O 원자단과 NH 원자단 사이의 모든 수소결합이 거의 평행하게 배열되어 나선계단의 축 역할을 하게 된다(그림 20). 폴링은 이렇게 단단한 기둥 모양이 단백질의 구조에 중요한 요소일 거라고 예견했다. 이것을 알파 헬릭스 α-helix라 하는데, 앞에서 설명한 것처럼 그로부터 약 10년 뒤 실제로

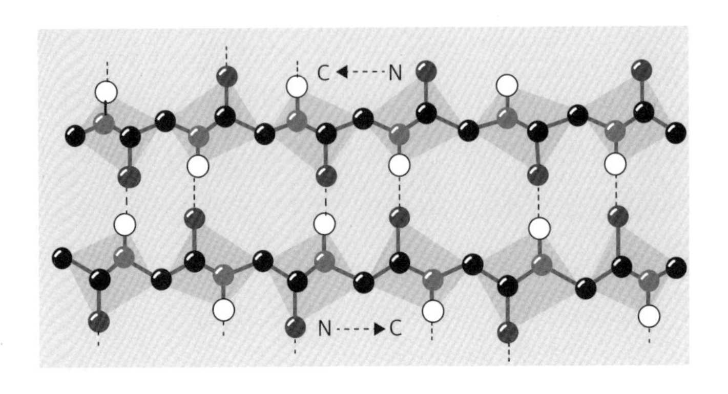

그림 21 베타 시트β-sheet. 단백질의 또 다른 규칙적 이차 구조 패턴.

미오글로빈 분자가 다수의 알파 헬릭스로 이뤄진 모양임이 밝혀졌다. 수소결합으로 형성되는 안정한 이차 구조는 알파 헬릭스 말고도 더 있다(그림 21). 게다가 이런 유형의 상호작용에는 펩티드결합만 관여하는 것도 아니다. 덜 규칙적인 탓에 예측하기가 비교적 어렵긴 해도 다양한 아미노산 곁사슬들 간에 일어나는 수소결합 역시 효소와 기질 사이의 특별한 연합을 가능하게 해 촉매작용을 유도한다.

효소가 어떻게 작용하는지 제대로 이해하려면 먼저 효소 분자들의 화학적 성질을 잘 알아야 한다. 이제부터 이 거대한 퍼즐의 조각을 차근차근 맞춰나가 보자.

4

촉매작용이 일어나게 하는 구조

구조 상보성: 자물쇠와 열쇠 모델

효소 촉매작용에는 앞서 언급한 적 있는 기질 특이성이라는 신기한 성질이 있다. 한마디로 효소가 기질로 받아들일 분자를 몹시 까다롭게 고른다는 건데, 이 특징을 설명하려면 1890년으로 거슬러 올라가야 한다. 2장에 나온 화학반응의 수학적 분석 이론이 개발되기도, 효소가 단백질이라는 사실이 밝혀지기도 한참 전에 독일 화학자 에밀 피셔Emil Fischer는 **자물쇠와 열쇠 가설**을 제시했다. 이 가설에서 효소는 특수 설계된 자물쇠가 되고 기질은 여기에 유일하게 딱 맞는 열쇠가 된다. 열쇠를 구멍에 넣고 돌려서 자물쇠를 잠그고 여는 것처럼 말이다. 오늘날 우리는 효소가 될 수 있는 아미노산 조합의 수는 거의 무한하며, 그러므로 효소는 접히는 모양이 셀 수 없이 다양해질 수 있는 단백질이라는 사실을 알고 있다. 그러므로 어떤 기질 '열쇠'가 자연에 새롭게 등장하든 단백질 분자는 딱 들어맞는 완벽한 열쇠 구멍을 가진 자물쇠로 잘 진화해가리라 예상할 수 있다.

효소-기질 복합체, 진짜일까 상상일까

자물쇠와 열쇠는 2장에서 배운 미카엘리스-멘텐 이론에 나오는 효소-기질 복합체와 같은 것이다. 차이점은 이 복합체가 더 이상 가상의 모형이 아니라는 것이다. 삼차원 구조가 처음으로 밝혀진 단백질은 효소가 아니지만(3장), 머지않은 1964년에 결정학자 데이비드 필립스David Phillips 팀의 런던 연구실에서 마침내 최초의 효소 구조가 베일을 벗었다. 작업이 편하도록, 미오글로빈 때와 마찬가지로 이번에도 분자 크기가 특이하게 작은 효소가 선발됐다. 라이소자임lysozyme은 박테리아 감염에 맞서 싸우는 효소로, 단단한 박테리아 세포벽의 복잡하게 생긴 탄수화물 사슬에 구멍을 뚫을 수 있다. 여기저기에 존재하지만 눈을 보호하는 눈물이나 배아를 보호하는 새알에서 흔히 발견된다. 필립스 연구팀은 달걀 흰자에서 추출한 라이소자임을 가지고 연구했는데, 이 구조가 진짜 효소-기질 복합체인지는 아직

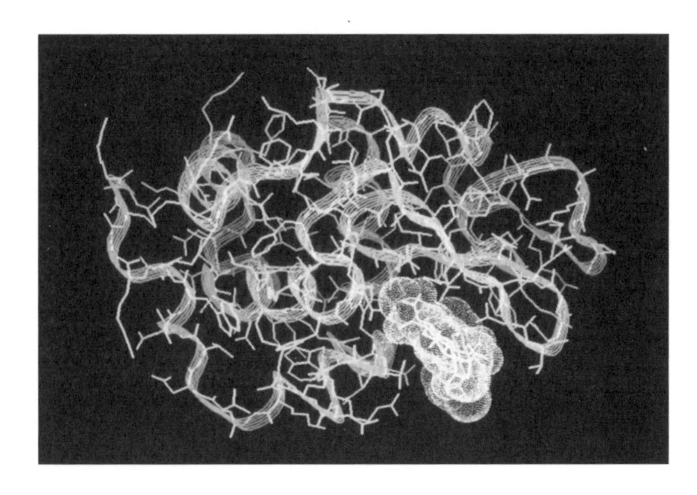

그림 22 라이소자임의 구조. 기질은 재현해 덧그렸다. 라이소자임은 구조가 최초로 밝혀진 효소다.

몰랐지만 효소 표면에 눈에 띄는 홈 하나가 깊게 파여 있었다(그림 22). 탄수화물 사슬 말단의 여섯 번째 당까지 충분히 들어갈 길이였다. 연구팀은 즉시 홈에 딱 들어맞는 분자를 추리하기 위한 모델링에 착수했다. 그 결과, 35번 글루탐산(Glu 35)과 52번 아스파라진산(Asp 52)의 곁사슬이 바로 이 공간에서 촉매 반응을 일으킨다는 추측이 유력해졌다.

어느 효소든 효소-기질 복합체의 생김새만 알아내 모델링의 번거로운 추리 과정과 불확실성을 걷어낼 수 있다면 참 좋을 것이다. 하지만 현실은 그렇지가 않다. 기질 하나에 작동하는 효소의 경우 복합체가 가만히 있어주지 않는다는 골치 아픈 문제가 있다. 효소와 기질이 만나자마자 촉매반응이 시작되기 때문이다. 이 문제를 푸는 방법은 두 가지다. 첫째는 첨가물을 넣어 용액을 일반적인 어는점 한참 아래로 냉각시키는 것이다. 그러면 촉매가 있는데도 반응속도가 현저히 느려져, 복합체 작용이 진행되어 기질이 분해되기 전의 데이터를 모아 결정 분석에 활용할 수 있게 된다. 다만 이 기술을 사용하려면 고강도 엑스선 광원과 아주 빠른 데이터 수집 장비가 필요하다. 또 다른 방법은 빈 탄창 전략이다. 말하자면, 진짜 기질과 닮아서 효소 표면의 기질 부착 부위에 똑같이 달라붙지만 반응을 진행시키는 결정적인 요소는 갖고 있지 않은 분자를 이용하는 것이다. 이런 눈속임 물질을 경쟁적 저해제라 한다. 정상적인 반응 조건에서 효소 표면의 빈자리를 놓고 진짜 기질과 경쟁해 촉매반응의 속도를 떨어뜨린다는 뜻이다. 결정학 연구에서 기질 대신 경쟁적 저해제를 사용하면 진짜 효소-기질 복합체를 닮았지만 훨씬 더 안정한 효소-저해제 복합체가 형성된다. 그런데 이 방법을 반대하는 견해도 있다. 모조품 기질 분자가 공존할 때는 효소 단백질에 미묘한 차이가 생길 수 있기 때문에 데이터가 진실을 완벽하게 반영하지 못한다는 것이다. 그래도 기질처럼 생긴 분자가 효소 표면의 어느 자리에 들어앉는지 확실하게 알 수 있다는 점만은 분명한 사실이다.

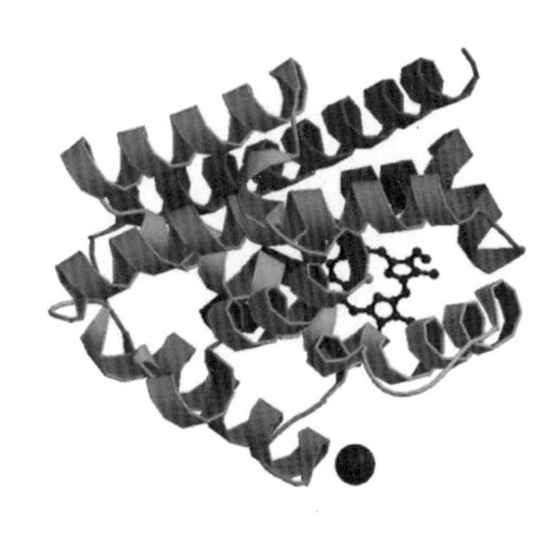

그림 23 정확하게 밝혀진 효소-기질 복합체의 구조. 오늘날 국제 단백질 데이터베이스에는 여러 효소-기질 복합체의 구조 정보가 저장되어 있다. 이 그림은 사람의 헴 산소화 효소heme oxygenase(헴 옥시게나아제)의 구조인데, 고리 네 개가 정사각형 형태로 연결된 헴heme(헤모글로빈의 색소 부분—옮긴이) 특유의 크기와 모양 때문에 헴이 덩치가 훨씬 큰 이 효소 분자 옆에 있어도 둘이 확연히 식별된다.

그런데 현실적으로는 여러 기질이 개입해 일어나는 효소 촉매작용이 훨씬 많다. 이런 상황에서는 출연 배우가 하나라도 빠지면 촉매반응이라는 드라마가 펼쳐질 수 없다. 만약 이런 효소가 다른 보조 반응물질 없이 하나의 기질하고도 복합체를 형성할 수 있다면 복합체 상태가 안정하게 지속될 것이다. 즉, 어떤 인위적 조작도 필요 없이 모조품 효소-기질 복합체의 결정학적 분석이 가능해진다는 얘기다. 실제로 이런 방식의 복합체 연구가 활발히 진행됐고 분자인식 메커니즘 이해에 크게 기여했다(그림 23).

결정학자들의 노고로 국제 단백질 데이터베이스(www.wwpdb.org)에 지금처럼 다양한 효소의 삼차원 배치 정보가 쌓일 수 있었다. 이 데이터베이스는 관심 있는 사람이라면 누구나 자유롭게 열람할 수 있는 데다가 원자 수준까지 해상도를 지원한다. 그래서 안에 들어 있는 원자들 전부 혹은 대부분의 위치를 하나하나 확인해 아미노산 곁사슬 각각이 어떻게 생겼는지, 효소-기질 복합체가 정확히 어떻게 기질을 붙들고 있는지 두 눈으로 살펴볼 수 있다.

촉매기

이제 우리는 장갑에 손이 쏙 들어가는 것처럼 효소가 기질에 맞출 수 있어야 한다는 걸 이해하게 되었다. 실제로 그런 구조를 직접적으로 보여주는 증거도 적지 않고 말이다. 하지만 효소의 작용을 완벽하게 설명하기에는 여전히 뭔가가 부족하다. 손이 장갑을 수없이 들어갔다 나오는데 어떻게 항상 다섯 손가락 전부 손에 온전하게 붙어 있는 걸까. 기질에게 이상적인 정박지를 제공하는 것도 효소의 특기지만, 효소가 감탄을 자아내는 촉매작용을 발휘할 수 있는 또 다른 비결은 효소 표면의 이른바 활성부위에 기질 분자의 특정 구조와 반응하기에 딱 적절하게 자리 잡은 촉매기catalytic group가 존재한다는 점이다. 화학반응을 진행시키는 실체인 이 촉매기는 스무 종의 아미노산 곁사슬 보기 중에서 선택된다. 가령 아스파라진산과 글루탐산의 카르복실기(-COO^-), 히스티딘의 이미다졸imidazole 고리, 리신의 아미노기(-NH_3^+), 시스테인의 티올기(-SH)와 같은 것 말이다. 원칙적으로 효소는 어느 실험실에서나 쓰이는 화학촉매보다 특별할 게 없다. 하지만 용액 안에서 분자들이 중구난방으로 부딪히고 돌아다니는 와중에 특정한 방향으로부터 정확한 구도로 충돌이 일어나게 한다는 게 결정적으로 다르다. 효소는 꼭 만나야 할 분자들을 만나게 할 뿐만 아니라 이상적인 기하학 구조로 서로를 붙들게 한다. 그렇게 분자들의 만남이 성공적인 화학반응으로 이어질 기회가 극대화된다. 자연에서 많은 지식을 습득한 화학자들은 최근 정확한 정박과 정확한 방향이라는 규칙을 그대로 지키는 '똑똑한' 효소를 손수 합성하는 수준에 이르렀다. 이것을 생체모방 촉매작용biomimetic catalysis이라고 하는데, 당연하게도 꽤 괜찮은 성과를 거두고 있다.

유연성이 중요한 이유

효소 분자가 반드시 딱딱하지는 않다는 걸 깨달으면서 효소학은 또 한 번 도약의 기회를 맞는다. 1950년대, 에밀 피셔의 자물쇠와 열쇠 모형에 딱 맞는 듯하지만 구멍을 돌리지는 못하는 분자들의 사례가 속속 보고되기 시작했다. 분자가 크면 열쇠 구멍에 들어맞기 어렵다는 건 바로 수긍되는 사실이다. 그런데 만약 분자가 '대표' 기질보다 작으면서 화학반응에 관여하는 모든 원자를 갖고 있는데도 효소의 기질로 작용하지 않는다면 그건 어째서일까? 이 문제를 고민하던 버클리대학교의 대니얼 코실랜드Daniel Koshland는 '유도한 맞춤새induced fit'라는 개념을 고안했다. 기질 분자의 마무리 한 수가 유연한 효소 분자에게 미묘한 자세 변화를 일으켜 기질을 더욱 폭 감싸 안게 하거나 촉매기를 가까이 끌어와 이상적으로 정렬시킨다는 가설이다. 유연성이 중요하다는 통찰은 두 기질의 반응을 촉매하는 효소들에 대한 연구가 발전하면서 점점 부각됐다. 2장에 나왔던 근육의 젖산 생성 반응이 그런 촉매작용의 예다. 젖산 탈수소효소LDH, lactate dehydrogenase(락트산 데히드로게나아제)는 젖산을 피루빈산으로 산화시키거나 반대로 피루빈산을 젖산으로 환원시키는 가역적 반응을 촉매한다. 그런데 여기에는 보조효소coenzyme(보조인자)NAD^+의 도움이 필요하다(이 장 뒷부분에서 더 설명하겠다).

$$\text{젖산} + NAD^+ \leftrightarrow \text{피루빈산} + NADH + H^+$$

이 반응을 분석해 보면 효소가 필수순서compulsory-order 메커니즘을 따른다는 걸 확실하게 알 수 있다. 말하자면, 보조효소 NAD^+가 젖산보다 먼저 효소와 만난다는 얘기다(반응이 역방향으로 이루어질 땐 NAD^+ 대신 NADH에 같은 원리가 적용된다). 보통은 젖산에 매우 특이적인 효소가 평소에도 기질 모양새에 딱 맞게 자리를 펴놓고 대기하고 있을 것이라고 생각하기 쉽지만 그게 아니다. 실제로는 NAD^+가 먼저 접근하기 전엔 효소에 젖산이 들어갈 마땅한 자리가 존재하지 않는다. 결정학을 연구하는 물리학자 마이클 로스먼Michael Rossmann 팀이 이 과정을 명쾌하게 증명해 보였다. 연구팀에 의하면 아미노산 14개짜리 보조효소가 먼저 와서 효소의 활성 부위를 에워싸면 그제야 젖산이나 피루빈산의 부착 지점이 만들어진다고 한다.

요즘 사람들은 유도한 맞춤새라는 개념을 내세워 기질이 효소를 깨운다고 자신 있게 말한다. 그런데 홀데인과 폴링 같은 과학자들은 이미 1930년대와 1940년대에 효소가 기질 분자를 긴장시킨다는 얘기를 입에 올렸고 그것이 효소 촉매작용의 중요한 한 요소라고 믿었다. 두 설명은 언뜻 상반되는 듯 보인다. 하지만 핵심은 크든 작든 두 분자 간의 상호작용이 두 단계에 걸쳐 일어나는 과정이라는 것이다. 기질도 효소도 절대적으로 뻣뻣하진 않다. 만약 효소가 기질 분자를 벌렸다 오므렸다 한다면 기질 역시 효소 분자를 벌렸다 오므렸다 할 수 있어야 마땅하다. 잠시 2장으로 돌아가서 분자가 반응하려면 공을 구멍에서 차올리는 활성화에너지가 필요하다는 얘기를 생각해보자. 이제 둘을 연결하면, 효소-기질 복합체에서 효소 단백질과의 상호작용이 기질 분자를 비틀거나 잡아 늘리거나 간지럽혀 '구멍에서 튕겨나오게 할' 정도로만 적당히 흥분시킨다는 걸 자연스럽게 이해할 수 있다.

전이상태 유사체

유도한 맞춤새라는 개념은 등장하자마자 과학자들의 눈을 밝혀 새로운 깨달음으로 이끌었다. 앞에서 기질이나 반응산물을 똑 닮은 경쟁적 저해제를 효소 반응에 활용한다고 했던 얘기를 기억할 것이다. 모든 효소의 화학반응은 일종의 과도기를 반드시 거친다. 깨져야 하는 결합은 깔끔하게 떨어져나가기 전이고 새로 생겨야 하는 결합은 아직 엉거주춤한 전이상태다. 이 순간, 분자는 기질도 아니고 반응산물도 아니다. 그보다는 둘 사이의 어중간한 무언가다. 그래서 과학자들은 가설 하나를 떠올렸다. 이상적인 효소는 기질이나 반응산물이 아니라 전이상태에 더없이 단단하게 결합하는 구조를 가질 거라고 말이다. 그런 효소 분자는 기질을 벼랑끝으로 몰아 반응이 더욱 빨리 일어나게 할 게

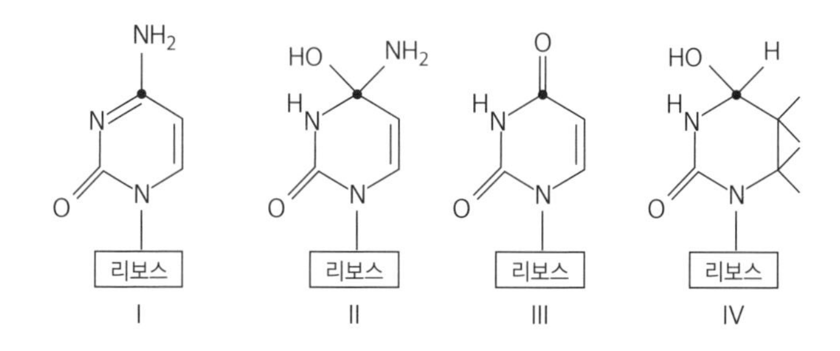

그림 24 기질의 전이상태 유사체. 시티딘 탈아미노효소cytidine deaminase(사이티딘 데아미나아제)는 I(시티딘)의 $-NH_2$기를 암모니아 형태로 잘라내 III(우리딘)을 만든다. II는 그 중간 시점의 기질 모습이다. 이 전이상태에서는 탄소(C)가 평면상에 존재하는 I이나 III과 달리 검은 점으로 표시된 사면체의 꼭짓점이 된다. 이 특징 때문에 유사체 IV가 본래 기질(I)이나 반응산물(III)보다 1만 배 더 단단하게 효소에 달라붙게 된다.

틀림없다. 확신에 찬 효소학자들은 능숙한 화학물질 조작 실력을 발휘해 이런저런 효소의 진짜 전이상태 모양새를 그대로 흉내 내는 분자, 즉 **전이상태 유사체**transition-state analogue를 디자인하기 시작했다. 이 전이상태 유사체는 기질이나 반응산물을 베꼈을 때보다 훨씬 단단하게 결합해 가장 큰 힘을 발휘하는 저해제로 작용할 터다. 이렇게 디자인된 물질 여럿은 실제로도 매우 강력한 저해제인 것으로 이미 판명되었다. 그런 저해제는 천연 기질 혹은 분해산물보다 수백 내지 수천 배 더 단단하게 효소에 결합한다(그림 24). 7장에서 다시 얘기할 텐데, 저해제 분자 디자인은 제약화학 영역의 노다지다. 하지만 보다 직관적으로 해석하자면 유도한 맞춤새 개념의 성공은 효소 작용의 바탕 기전을 우리가 제대로 이해했다는 결정적인 증거라고 볼 수 있다.

배우가 무대에 등장하는 순서

효소 작용에서 따져야 할 또 한 가지 측면은 효소가 복수의 기질을 어떤 방식으로 상대하는지다. 기질 하나만 가지고 일어나는 촉매작용이 있다고 치자. 이때는 효소가 한 방에 A를 B로 변화시키거나 C를 D+E로 쪼갠다. 하지만 세상에는 두세 가지 기질이 관여하는 효소 반응이 대부분이고 많으면 네 가지 기질이 동시에 얽히기도 한다. 이처럼 여러 기질을 처리해야 하는 효소는 완전히 상이한 두 방식 중 하나로 고난도 임무를 완수한다. 이른바 '중매인' 전략과 '우편분류함' 전략이다. 우선 중매인 전략은 모든 출연자를 효소의 활성 부위에 한꺼번에 등장시키는 게 특징이다. 젖산 탈수소효소가 바로 그런 사례다(그림 25). 이 전략은 용액 안에서 모든 분자가 중구난방으로 충돌하기보다 딱 목표하는 반응만 일어날 기회를 통계적으로 높인다. 이 방법은 특히 기질이 셋 이상일 때 더욱 효과적이다. 언제나 그렇듯, 정확한 기하학 구조가 효소 작용의 전제로 깔리는 건 기본이다.

한편 우편분류함 전략의 경우에는 기질들끼리 굳이 마주칠

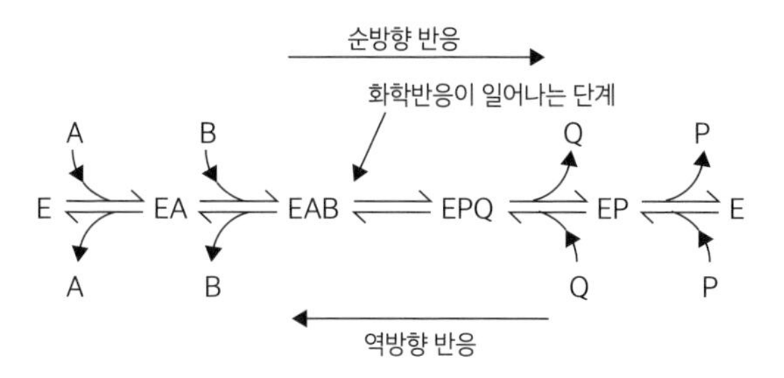

그림 25 삼중복합체 형성 메커니즘. 반응물질들이 효소의 활성 부위에서 만난다. 이 반응식에서 보이는 것처럼 물질들은 반드시 일정한 순서대로 들고 나야 한다.

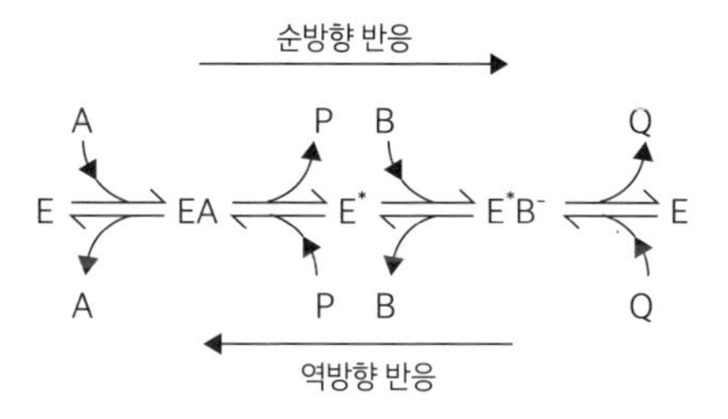

그림 26 효소 치환(핑퐁) 메커니즘. 효소 표면에서 반응물질 A와 B가 만나지 않는다.

필요가 없다. 1번 기질은 효소에서 자기 몫을 한 다음 적당한 시기에 2번 기질에게 자리를 넘겨주고 뒤 칸으로 물러난다. 그림 26에서 보이는 것처럼, 이때 1번 기질(A)과 효소(E) 간 화학반응의 결과는 1차 산물(P)과 화학적으로 조금 달라진 효소 단백질(E*)이다. 달라진 효소는 2번 기질(B)과 반응해 2차 산물(Q)

을 생성할 수 있다. 이 대목에서 잠시 고개를 갸우뚱할 수 있다. 촉매가 반응속도를 높이면서 자신은 변하지 않는 물질이라는 정의에 위배되는 것처럼 보이기 때문이다. 하지만 이것은 '반쪽짜리 단계' 둘로 나뉜 하나의 반응이다. 즉, 실제 촉매작용은 두 반쪽을 합쳐야만 일어나며 최종적으로는 효소가 처음 모습 그대로 온전하게 복원되므로 앞으로도 몇 번이고 재활용될 수 있다. 물론 작업자가 일부러 효소액에 1번 기질만 넣을 수는 있다. 그러면 화학적으로 조금 달라진 효소를 얻겠지만, 기대하던 촉매작용은 완료하지 못할 것이다.

효소의 작은 도우미들

중간 정리를 한번 하자면, 효소는 아미노산 곁사슬 덕에 중요한 화학적 특징을 띠고 효소의 접힘 구조는 촉매작용에 적절한 환경을 조성한다. 이렇게 보니 효소 단백질이 혼자서 일을 너무 잘한다는 생각이 든다. 대체로 맞는 말이다. 그런데 항상 그렇지는 않다. 몇몇 반응은 촉매작용에 반드시 한 가지가 더 필요하다는 사실이 오래전부터 알려져 있었다. 이런 도우미 물질들은 반투막을 자유롭게 넘나들고 열에 강하다는 특징을 이용해 구분할 수 있다. 효소 단백질 자체는 덩치가 몹시 커서 반투막을 가로지르지 못하는 반면, 도우미 분자는 막을 손쉽게 통과할 정도로 작다. 또 용액이 끓는점에 이를 때 효소 단백질은 일반적으로 활성을 잃고 응고하지만, 조그만 도우미 분자는 오히려 안정해지고 활성도 그대로 보유한다. 화학에서는 이런 소분자를 보조효소coenzyme 혹은 보조인자cofactor라 부른다.

이런 반응들을 더 자세히 파헤치면, 일부 보조인자는 사실상 효소 기질로도 기능한다는 걸 알게 된다. 아데노신 이인산염ADP, adenosine diphosphate과 아데노신 삼인산염ATP, adenosine triphosphate이 그런 예다. 생체 내에서는 글루코오스가 분해되는 이른바 해당解糖, glycolysis이 일어난다. 세포의 해당작용은 화학에너지를 이용 가능한 형태로 가두었다가 다른 반응에 투입하고, 그 과정에서 ADP를 ATP로 변환한다(이에 대해서는 다음 장에서 더 이야기하겠다). 해당작용은 효모 세포를 깨뜨려 시험관에 담은 세포액(1장 참고)이나 근육세포 등에서도 일어날 수 있다. 하지만 반응 장소가 어디든 ADP와 ATP가 없으면 차례차례 이어져야 하는 해당작용 단계 중 몇몇이 진행되지 못해서 전체 과정이 서서히 멈추게 된다. ADP와 ATP 같은 보조인자가 필수조건이라는 사실을 증명하는 오래된 실험이 있다. 해당작용을 일으킬 수 있는 세포추출물(효모세포추출액 등)을 반투막 주머니 안에 넣고 양 끝을 묶은 뒤에 이것을 다량의 흐르는 액체에 담가 둔다(그림 27). 아마 신부전 환자의 치료법으로 더 자주 들은 용

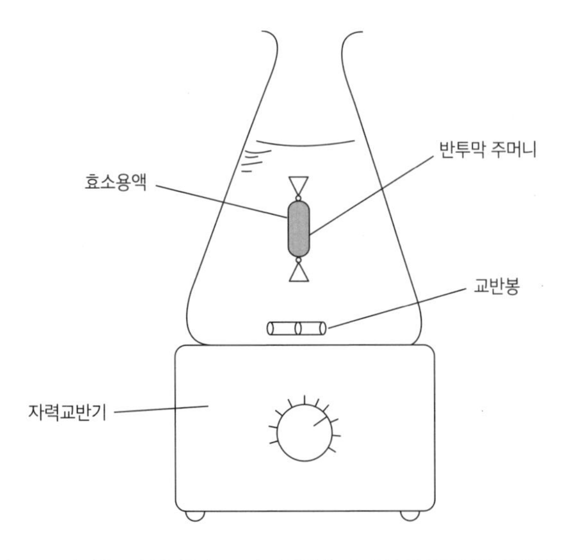

그림 27 투석 실험. 보통은 플라스크 안의 용액을 주기적으로 갈아준다. 만약 플라스크 용량이 주머니 용량의 1,000배라면 투석을 세 사이클 돌렸을 때 주머니 안의 저분자량 용질 농도가 10억분의 1로 줄어 있을 것이다.

어일 텐데, 말하자면 투석을 시키는 것이다. 이 과정에서 ADP나 ATP 같은 소분자 보조인자는 반투막을 빠져나와 액체에 씻겨 나간다. 그런 반면 덩치 큰 효소 단백질은 주머니 안에 계속 갇혀 있다. 이때 주머니 안의 효소는 손실이나 변화가 없으니 촉매 기능을 똑같이 해야 마땅할 것이다. 그런데 실제로는 해당작용이 전혀 일어나지 않는다. 보조인자가 죄다 빠져나갔기 때문이다(주머니 안의 세포액으로 실험을 하면 금방 확인된다). 하지만 여기에 보조인자를 보충해주면 글루코오스 대사 경로가 바로 되살아난다.

한편, 아예 효소 몸체의 일부분으로 들어간 보조인자도 있다. 이 경우는 보조인자가 효소 단백질에 화학결합을 통해 붙은 것일 수도 있고 아닐 수도 있지만, 어느 쪽이든 결합력은 평소보다 세다(글상자 5).

또 다른 유형의 보조인자들은 음식 속의 미량영양소인 금속 이온과 관련이 있다. 효소가 필요로 하는 금속 이온의 종류는 저마다 다르다. 어떤 효소에서는 이온이 효소의 접힌 구조를 안정화하는 역할만 하고 어떤 효소에서는 활성 부위의 촉매작용 기구에서 핵심 부품으로 사용된다. 어느 쪽인지는 결정 구조를 보면 확실히 알 수 있다. 이런 필수 보조인자 이온으로는 철, 구리, 아연, 마그네슘, 망간, 몰리브덴, 칼슘 등이 있다. 효소는 각 금속 이온의 특징적인 성질을 이용해 생체촉매반응을 진행시킨다.

글상자 5 보조인자와 비타민의 권장섭취량

권장영양소 목록에 적혀 있는 비타민 중 다수는 정확히 말해 효소 보조인자다. 가령, 시리얼 박스의 홀쭉한 면을 보면 티아민(비타민 B1), 리보플래빈(비타민 B2), 피리독신(비타민 B6), 니코틴

아미드(비타민 B3), 판토텐산(비타민 B5) 등의 함량이 줄줄이 나온다. 모두 보조인자의 전구체인 까닭에 생명 유지에 반드시 필요한 유기물질이다. 그러나 우리는 어느 하나 스스로 합성하지 못한다. 그래서 곰팡이와 박테리아처럼 이 보조인자들을 만들 줄 아는 자립적인 생명체에게 의지해야 한다. 산화성 카르복실 이탈반응은 생물의 에너지 대사에 매우 중요한데, 여기서 활약하는 효소에 단단히 결합하는 보조인자로 티아민 피로인산염thiamine pyrophosphate이 쓰인다. 한편, 리보플래빈은 FAD와 FMN의 전구체이고 니코틴아미드는 NAD^+와 $NADP^+$의 전구체다. 이 네 가지 보조인자는 산화반응을 촉매하는 다양한 효소들의 작용을 돕는다. 피리독신은 체내에서 피리독살 인산염pyridoxal phosphate이 되는데, 이 보조인자는 아미노기나 카르복실기를 붙였다 뗐다 하는 각종 효소에 힘을 보탠다. 마지막으로 판토텐산은 지방과 글루코오스의 대사를 비롯한 다양한 반응의 필수 보조인자인 코엔자임 A(Coenzyme A)로 변한다. 이와 같은 부속 분자들은 생화학이라는 무대에서 효소가 활약할 수 있는 무대의 수를 대폭 늘린다. 그런 까닭에 비타민 전구체 한두 개만 부족해도 사람은 각기병(B1 결핍)이나 펠라그라(B3 결핍) 같은 병에 걸린다. 보조인자에 절대적으로 의존하는 효소가 계속 제 기능을 하지 못해 이런 병들이 생긴다. 병 자체는 수백 년 전에 알려져 20세기까지 인류를 지겹도록 괴롭혀왔지만, 1930년대에 들어서서 겨우 비타민이 세분되고 보조인자 짝이 정확하게 맞춰졌다. 1장에서 소개했던 프레더릭 가울랜드 홉킨스가 이 업적의 선봉에 섰던 과학자들 중 하나다. 그럼에도 여전히 우리는 제대로 아는 게 별로 없다. 기본적으로 영양결핍 관련 병증은 빈곤과 기근 혹은 여타 사정으로 인한 영양실조 때문이라서 그런 것도 있지만, 보조인자 공급이 달릴 때 그나마 없는 보유량을 신체 장기와 효소들이 어떻게 나눠 쓰는지에 대해 지금껏 우리가 무관심했던 탓이기도 하다.

촉매능

이처럼 효소의 메커니즘은 한 가지가 아니고, 목적 달성을 돕는 구조적 특징 역시 다양하다. 하지만 효소의 가장 놀라운 면모가 아직 남아 있으니, 그것은 바로 효소가 경이로운 실적을 낸다는 것이다. 2장에서 했던 탄산탈수효소 얘기로 잠시 돌아가보자. 탄산탈수효소 분자는 하나하나가 반응을 1,000만 배 가속시키는 능력을 갖고 있다. 각 탄산탈수효소 분자를 작은 기계라고 치면 한 대가 1초에 상품 100만 개를 찍어내는 셈이다. 사람의 수작업은 물론이고 인간이 만든 기계조차 감히 범접하지 못할 실력이지 않은가.

○

5

일하는 효소들

모든 생명현상은 문자 그대로, 효소의 작용에 전적으로 의지한다. 그 많은 걸 다 소개하는 건 무리이기 때문에 이 장에서는 흥미로운 사례 몇 가지만 살펴보려 한다. 이를 통해 촉매작용이 얼마나 섬세하고 미묘한지 실감할 수 있을 것이다.

음식을 소화시키는 프로테이나아제

다들 알다시피 단백질은 크고 복잡하면서 다양한 모양새를 가진 기능적 분자다. 모든 생명체는 재료인 아미노산을 가지고 성장, 손상 복구, 적응, 생식에 필요한 단백질을 쉼 없이 새로 만들어낸다. 그런 까닭에 기본 재료는 귀중한 자원이다. 특히 인간

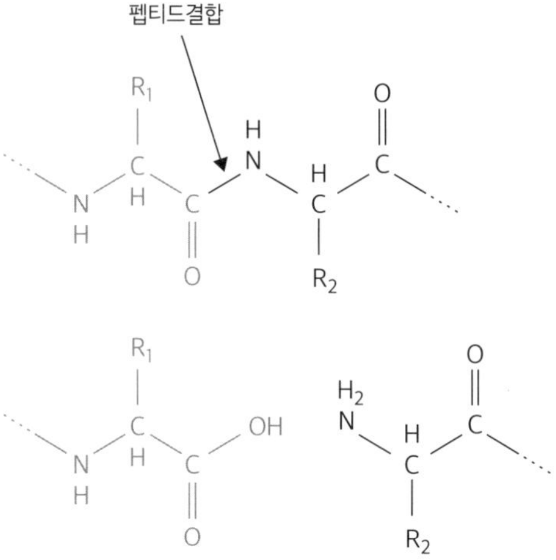

그림 28 펩티드결합의 분리

처럼 필수 아미노산 스무 종 중 절반만 스스로 만들 줄 알고 나머지는 음식에 의존하는 생물종에겐 더더욱 그렇다. 다른 생물종이 합성한 단백질이 들어 있는 음식을 섭취하면, 우리 소화기관은 단백질을 쪼개 체내에서 쓸 아미노산으로 만든다. 이 일을 위해 우리 소화기관에는 펩티드결합을 깨뜨리는 프로테이나아제proteinase 효소가 한 세트 존재한다(그림 28). 그런데 어째서 세트일까? 효소 하나가 모든 펩티드결합을 인식해서 처리하면 안 될까? 이 대목에서 우리는 프로테이나아제가 직면한 현실을 분자 입장에서 헤아려볼 필요가 있다. 이건 자신도 거대 단백질 분자인 효소가 또 다른 거대 단백질 분자에 '파고들어야' 하는 상황이다. 그런데 잘라야 할 펩티드결합은 어디 있는가? 펩티드결합이 도처에 널려 있다지만 정작 눈앞엔 코빼기도 안 보이는데 말이다. 그럴 만하다. 대부분은 이중 삼중 접힌 기질 단백질의 품 안에 쏙 들어가 있어서 효소 단백질이 닿지 못하는 데다가, 기질 표면에 있는 나머지도 무성한 많은 아미노산 곁사슬들에 가려 있으니 말이다.

만지기 편하도록 펩티드결합을 드러내려면 어떻게 해야 할까? 한 가지 방법은 단백질의 접힌 구조를 망가뜨리는 것이다. 현대인이 음식을 익혀 먹을 때 바로 그런 변화가 일어난다. 달걀을 삶거나 볶고 스테이크를 구우면서 우리는 정체 모를 신비로운 변화가 일어나는 걸 목격한다. 하지만 요리할 줄 아는 동물은 인간뿐이고 예전에는 우리도 날것만 먹으면서 수천 년을 생존했다. 사실 우리 몸은 단백질의 접힘을 펴는 두 가지 요령을 이미 알고 있다. 첫째, 위는 pH가 2나 되는 강산성의 환경이다. 그래서 대부분의 단백질은 위 속에서 온전한 형태를 유지하지 못한다. 둘째, 소화관 아래로 더 내려가면 어느 순간 담즙이 흘러 들어온다. 담즙은 천연 계면활성제 역할을 해 단백질을 펼치는 일에 힘을 보탠다.

그런데 더 궁금한 문제가 하나 있다. 프로테이나아제 자체도 단백질인데, 이 효소는 어떻게 접힌 모양을 유지할까? 연구에

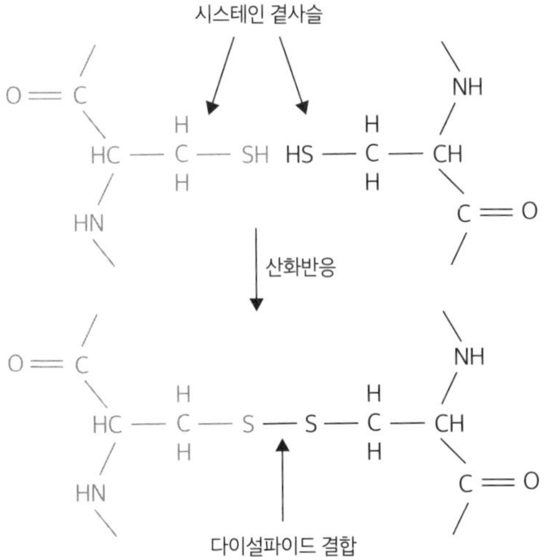

그림 29 다이설파이드 결합의 형성. 시스테인 곁사슬에 SH기가 자리하는데, 이 SH기 둘이 만나면 곧장 산화반응이 일어나 두 분자가 화학적으로 연결된다.

의하면 프로테이나아제 효소의 구조는 내부의 특별한 화학결합 때문에 비정상적으로 견고하다고 한다. 나란히 돌출된 두 시스테인 곁사슬이 다이설파이드 결합으로 연결되어 접힌 구조를 전체적으로 지탱하는 것이다(그림 29). 프로테이나아제가 얼마나 안 펴지는지는 시험관에 효소액을 넣고 실험을 해서 직접 확인할 수 있다.

이토록 혹사를 당해도 소화관을 통과하는 것만으로 음식의 단백질 분자가 완벽하게 펴지지는 않는다. 바로 여기서 분해효소가 등장한다. 분해효소는 기질의 특정 인식부위를 알아보고 거기에 매달리는데, 자연은 서로 다른 인식 패턴으로 작동하는 프로테이나아제들을 모아 팀을 꾸려놓았다. 1번 타자는 펩신pepsin이다. 산성을 띠는 위에서 활약하는 펩신은 주로 크고 화려한 곁사슬을 가진 아미노산들 사이의 펩티드결합을 끊는 일을 한다(그림 14를 참고하라). 대부분의 단백질에는 펩신의 일격에 끊어질 만한 펩티드결합이 충분히 존재한다. 이 단계에서 분해된 단백질 조각은 여전히 상당한 크기다. 그렇게 부서져 나온 펩티드 조각들은 소장으로 내려간다. 위액의 산성이 중화되어 약알칼리성 환경으로 바뀌는 소장에서는 담즙과 함께 췌장에서 나온 소화액이 기다리고 있다. 췌장 소화액의 정체는 바로 다양한 프로테이나아제들이다. 그 가운데 엑소펩티다아제exopeptidase(펩티드 말단 분해효소)류는 펩티드 사슬 끝부터 잘근잘근 씹어 아미노산을 하나씩 떼어내는 식으로 기질 펩티드를 점점 짧아지게 만드는 효소다. 그런 한편 엔도펩티다아제endopeptidase류는 펩신이 그러는 것처럼 큰 펩티드 하나를 작은 펩티드 여럿으로 뎅강뎅강 잘라낸다. 트립신, 키모트립신chymotrypsin, 엘라스타아제elastase가 대표적인 종류다. 트립신은 양전하를 띠는 아미노산(리신, 아르기닌 등)에서 나온 카르복실기로 만들어진 펩티드결합만 골라 끊는다. 키모트립신의 경우는 대상 아미노산이 덩치가 크고 소수성을 가질 때에 한해서만 행동에 나선다. 또, 엘라스타아제는 아주 작은 아미노산(알라닌, 글리신 등)끼리 형성한 펩티드결합만 공략할 수 있다. 이 밖에 아주 짧은 펩티드들을 쪼개는 데에 특화된 펩티다아제들도 있다. 이런 효소들은 하나같이 까다로운 작업 조건을 요구한다. 하지만 더없이 조화로운 활동을 통해 단백질을 각종 필수 아미노산으로 분해함으로써 우리 몸이 흡수해 사용할 수 있게 한다.

지모겐의 스위치가 켜지면

가만 보니 이렇게 분업하는 게 상당히 효율적이고 멋진 것 같다. 우리가 미처 생각하지 못한 한 가지 문제만 빼면 말이다. 프로테이나아제는 위험하다. 조심하지 않으면 몸속에서 내 몸까지 소화시킬 수 있으니 말이다. 다행히 그 지경까지 안 가더라도 여전히 찜찜하다. 혹시 너무 뛰어난 프로테이나아제들이 식인종처럼 서로 잡아먹거나 스스로를 녹이는 건 아닐까? 가령, 트립신은 실제로 자가소화自家消化, autodigestion가 가능하다. 효소에게 당장 할 일이 마땅히 없을 때 자가소화를 하는 성질은 효소 연구를 공연히 어렵게 만든다.

이 문제를 자연은 '철저한 지정시간 배송' 원칙으로 해결하고 있다. 위에 음식물이 들어오면 신경계는 호르몬 가스트린gastrin

을 분비하라는 신호를 보낸다. 그러면 가스트린은 위 내막세포들에게 염산과 함께 펩시노겐pepsinogen이라는 단백질을 분비하라고 지시한다. 펩시노겐은 지모겐zymogen의 일종인데, 지모겐이란 적당한 순간에만 '스위치가 켜지는' 비활성 효소 전구체 inactive enzyme precursor를 말한다. 비활성형의 펩시노겐 분자 하나는 아미노산 371개로 되어 있다. 그런데 위 속의 강산성 환경에서는 펩시노겐 N 말단(단백질 분자의 양 끝 중에서 펩티드결합에 매이지 않고 자유로운 원자단이 아미노기인 쪽—옮긴이)의 아미노산 44개짜리 조각이 저절로 떨어져나가면서 분자 일부가 펩신으로 활성화되기 시작한다. 그렇게 매우 활발해진 소수 펩신 분자는 곧 나머지 펩시노겐까지 전부 활성화시킨다. 이런 식으로 효소의 단백질 분해 활성은 효소를 보람찬 일에 몰두하게 할 음식물이 배 속에 존재할 때, 오직 그럴 때만 드러나게 된다.

비슷한 메커니즘은 소장에도 있다. 다만 그곳에는 동원되는 프로테이나아제가 더 많은 까닭에 작용이 훨씬 큰 규모로 이루어진다는 점이 다르다. 소장의 경우, 평소에는 지모겐들이 과립으로 겹겹이 포장돼 췌장 세포 안에 꽁꽁 숨겨진다. 그러다 소장에 신경 자극이 오면 이 과립의 내용물이 췌장 소화액에 섞여 흘러 나온다. 그뿐만 아니라 이때 소장 내막세포에서 만들어진 엔테로펩티다아제enteropeptidase라는 특수 프로테이나아제도 함께 분비되는데, 엔테로펩티다아제는 마스터 스위치를 통제하는 효소다. 이 효소가 맡은 임무는 아주 구체적이다. 바로, 트립신 전구체 트립시노겐trypsinogen의 N 말단에서 펩티드결합 딱 하나만 잘라내는 것이다. 그 결과로 아미노산 6개짜리 펩티드 조각이 떨어져 활성화된 트립신은 남은 트립시노겐 분자들을 깨우는 것은 물론이고 다른 종류의 프로테이나아제들까지 도발한다. 그래서 각각의 전구체가 활성형인 키모트립신, 엘라스타아제, 리파아제lipase(지방분해효소), 엑소펩티다아제 중 카르복시펩티다아제carboxypeptidase 등으로 변하게 한다. 이것은 생체 내에 흔하디 흔한 증폭 메커니즘의 한 예에 불과하다. 처음에 프로테이나아제(이 경우는 엔테로펩티다아제)의 활성은 미약하게 움트지만 곧 무섭게 쏟아붓는 폭포수처럼 창대해진다.

세포를 소화시키는 또 다른 위

단백질을 아미노산으로 분해하는 것은 한 생물의 영양소 흡수를 위해서만이 아니라 그 생물을 구성하는 각 세포 수준에서도 반드시 필요한 기능이다. 여기에는 몇 가지 이유가 있다. 첫째, 효소 분자와 세포 내 구조들은 언젠가 망가지거나 낡아져 못 쓰게 된다. 그럴 때는 죽은 분자들을 치우거나 적절하게 재활용해야 한다. 둘째, 체내 조직들은 다양한 위기 상황과 생리적 상태에 적응해야 한다. 그러기 위해서는 위기를 맞을 때마다 새 효소 팀을 적절히 꾸리고 쓸모없어진 현역 효소들을 재활용할 줄 아는 능력이 필요하다. 예를 들어 암컷 동물에서는, 임신할 때마다 유선乳腺에 극적인 대사 변화가 일어난다. 임신하면 젖을 만들기 위해서, 이유기엔 원래대로 되돌리기 위해서다. 그래서 처음엔 이 작업을 맡은 효소가 많이 만들어졌다가 때가 되면 다시 줄어든다. 다른 예로 어떤 세포는 박테리아 같은 외래 분자나 덩치 큰 물질을 집어삼켜 제 배 속에서 분해한다.

경제성과 위생 두 마리 토끼를 다 잡기 위해 세포는 각각 독자적인 프로테이나아제 세트로 가동되는 시스템을 갖추고 있다. 물론 자기파괴의 위험성을 경계해야 하는 건 이번에도 마찬가지다. 첫 번째 시스템은 효소를 격리해 보관하는 리소좀 lysosome이라는 세포소기관이다. 효소를 담는 이 작은 주머니 속의 pH는 동물의 위처럼 주변보다 훨씬 낮다. 프로테이나아제를 리소좀에 넣어두는 것은 두 가지 측면에서 유리하다. 현재 세포 여기저기서 일하고 있는 효소들이 파괴되지 않도록 보호할 수 있다는 점, 그리고 세포로 하여금 재활용장으로 보낼 분자나 파편만을 골라 표식을 남길 수 있도록 여유를 허락한다는 점에서다. 이는 위장관에서 음식물을 소화시키는 효소들과 마찬가지로, 리소좀 안의 효소 역시 단백질뿐만 아니라 기본 생체 구조까지 녹일 수 있기 때문에 가능한 일이다.

두 번째 시스템은 동물만 가진 특징으로, 오로지 단백질만 처리하기 때문에 **단백질분해효소복합체**proteasome(프로테아좀)이라 불린다(그림 30). 소장이 음식물을 소화시킬 때처럼 단백질분해효소복합체는 서로 다른 펩티드결합을 타깃으로 삼는 프로테이나아제 삼총사를 활용한다. 프로테이나아제 삼총사는 안쪽에 관 형태의 공간을 남겨두고 동그랗게 말려 나란히 배열한다. 세 효소는 각자 따로 노는 게 아니라 공장의 정교한 컨베이어벨트 시설처럼 하나의 거대 분자로 합체한 상태에서 손발 딱딱 맞춰 작업을 한다. 작용이 이루어지려면 먼저 한 가지 준비가 필요한데, 바로 분해할 단백질에 **유비퀴틴**ubiquitin이라는 조그만 단백

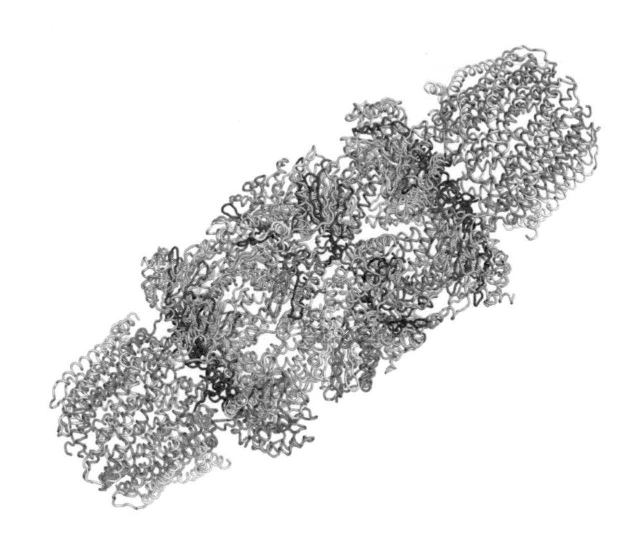

그림 30 단백질분해효소복합체

질을 표식으로 붙이는 것이다. 그러면 단백질분해효소복합체 튜브의 한쪽 끝이 이 표식을 알아보고 분자를 끌어당긴 다음 접혀 있던 단백질을 펼친다. 이때 떨어져 나오는 유비퀴틴은 재활용된다. 곧게 펴진 단백질은 이제 튜브 안을 통과하면서 세 프로테이나아제와 차례로 만난다. 그러면 마침내 튜브 반대쪽 끝으로 잘게 다져진 펩티드 조각들이 나온다.

세포의 죽음을 관장하는 효소

우리는 평생의 대부분을 체격이나 신체 장기 위치의 큰 변화 없이 살아간다. 하지만 우리의 일생 내내 그런 건 아니다. 인간은 자궁에서 잉태된 순간부터 성인이 될 때까지 쉼 없이 성장하고 발달한다. 이 과업을 원활하게 이뤄내기 위해서는 새것을 만드는 동시에 옛것을 부수고 치워야 한다. 다리뼈를 떠올려보자. 아이가 어른이 될 때까지 사람의 다리뼈는 전체적인 형태와 기능을 유지하면서 크기만 적절하게 커진다. 반면에 몇몇 동물은 이 과정을 인간보다 훨씬 극적으로 경험한다. 애벌레가 탈피해 나비가 되거나 올챙이가 개구리로 변하는 게 그런 예다. 동물은 성장에서뿐만 아니라 리모델링이라는 부분에서도 정밀한 통제 시스템이 필요하다는 얘기다. 그러려면 무엇보다 세포의 죽음을 체계적으로 처리하고 세포 부품들을 알뜰하게 재활용할 줄 알아야 한다. 이와 같은 프로그래밍된 세포의 죽음을 **자가사멸**自家死滅, apoptosis이라 부른다. 이를 병들어 썩어가는 세포와 신체 조직을 분해하는 **괴사**壞死, necrosis와 확실하게 구분할 수 있도록 생긴 용어다.

자가사멸은 복잡한 과정을 거쳐 일어나지만 그 요체를 한마디로 요약하면 세포의 자살 시스템이라 할 수 있다. 세포는 자신이 여전히 쓸모 있다는 신호를 계속 수신해야만 이 시스템을 억제할 수 있다. 현재 우리가 아는 관련 지식의 대부분은 소위 '모델 시스템'을 활용한 연구를 통해 밝혀졌다. 모델로는 원통형

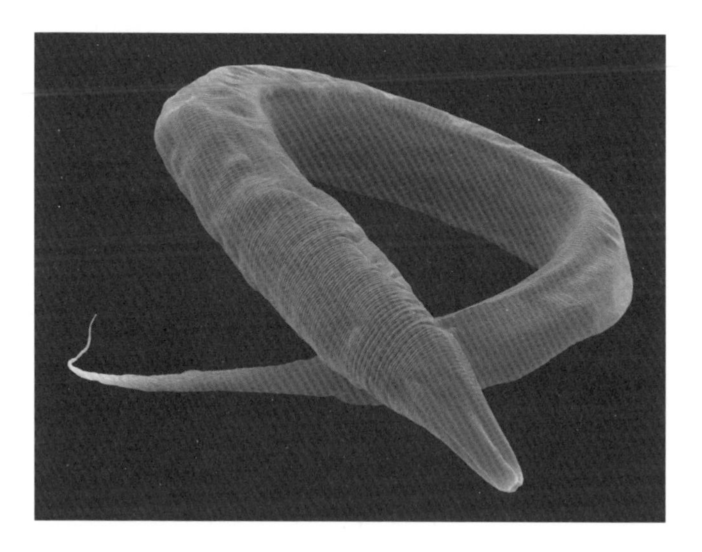

그림 31 예쁜꼬마선충

몸체의 선형동물인 예쁜꼬마선충*Caenorhabditis elegans*이 사용됐는데, 예쁜꼬마선충 성체 한 마리는 959개의 세포로 이뤄져 있다(그림 31). 인간과 마찬가지로 이 벌레 역시 처음에는 단세포에서 시작해 세포분열을 통해 발달한다. 하지만 예쁜꼬마선충은 세포 하나가 둘이 되고, 둘이 넷이 되고, 다시 여덟, 열여섯 등으로 늘어나는 중간중간 한 번씩 프로그래밍된 세포사를 통해 체세포수를 확 줄인다. 그렇게 예쁜꼬마선충 한 마리는 완전히 클 때까지 총 131개의 세포를 잃는다.

유전학 연구를 실시해 이 과정에 영향을 미치는 돌연변이를 조사한 결과, 모든 다세포동물이 기본적으로 비슷하게 작동하는 메커니즘을 보유한다는 사실이 밝혀졌다. 이 메커니즘의 행동대장은 일명 카스파아제caspase라는 프로테이나아제 세트다. 참고로 카스파아제는 '단백질 사슬 내 아스파라진산 카르복실기에 있는 펩티드결합을 자르며, 촉매작용을 할 때 시스테인이라는 아미노산이 필수인 효소Cysteine amino acid essential to their catalysis and that they cut peptide bonds on the carboxyl side of ASPartic acid in a protein chain'라는 긴 정의에서 핵심 머리글자만 이어 붙여 만든 말이다. 가령 예쁜꼬마선충의 경우, 선봉에 서는 카스파아제는 CED-3이다. 하지만 CED-3은 CED-4가 깨우기 전에는 계속 잠만 잔다. 키모트립신이 엔테로펩티다아제에 의해서만 자유의 몸이 되는 것과 신기하게도 비슷하다. 단,

적절한 시기가 올 때까지 CED-4도 마찬가지로 자중시켜야 한다. 이 일은 CED-4를 꽉 껴안고 안 놔주는 또 다른 단백질 CED-9가 한다. 그런 한편 이 돈독한 분자 한 쌍에서 CED-4를 풀어주는 책임은 EGL-1이 맡고 있다. EGL-1은 밖에서 들어온 '죽음 신호'에 반응한 세포에서만 만들어지는 단백질이다. 즉, 예쁜꼬마선충의 발달 과정에서 총 131개의 세포가 메시지를 수신해 자해 스위치를 켜고 프로테이나아제 CED-3의 손을 빌려 스스로를 파괴한다. 그 마지막 순간에 온전한 성충의 형태가 완성된다.

혈액응고를 조절하는 효소

유용하지만 자칫 치명적일 수 있는 프로테이나아제들을 엄격하게 통제하는 시스템의 마지막 사례는 피와 관련이 있다. 다들 잘 알겠지만, 혈액은 잠시도 멈추지 않고 맹렬하게 혈관을 흐르며 전신을 순환한다. 그런 까닭에 상처가 생기면 늘 피가 나고 심한 경우 과다 출혈로 목숨이 위태로워지기도 한다. 그래서 우리 몸에는 피를 굳히는 본능적 방어기제가 있다. 무언가에 긁히거나 뾰족한 물체에 찔리면 처음에는 피가 나지만 보통은 곧 굳어 상처 위로 검붉은 딱지가 앉는다. 그렇게 출혈을 멈추고 감염을 차단한다. 이 생리현상은 질서정연하게 치고 빠지는 일련의 프로테이나아제들에 의해 시작되고 조절된다. 이때 순서의 대미를 장식하는 것은 비활성 프로트롬빈prothrombin에서 트롬빈thrombin으로의 활성화다. 트롬빈은 가위질할 지점을 까다롭게 고르기로 명성이 자자하며, 아르기닌과 글리신 사이의 펩티드결합만 고집한다. 게다가 근처에 무슨 아미노산이 있는지에도 엄청나게 신경을 쓴다. 이 프로테이나아제는 분자 안에서 자르기에 적절하다고 여기는 결합 네 곳을 정확하게 찾아내 절단하고 피브리노겐fibrinogen을 피브린fibrin으로 바꾼다. 그러면 수많은 피브린 분자들이 저희끼리 뭉쳐 피를 굳힌다.

상처가 났을 때는 혈액이 신속하게 응고하는 게 중요하다. 다만 이 시스템이 예민한 만큼 잘 고장난다는 게 문제다. 특히 효소의 합성은 유전자에 각인되어 있는 명령에서 비롯되기에 프로테이나아제 유전자의 결함은 혈액응고기능 이상과 출혈성 질환으로 이어지기 쉽다. 대표적인 예가 혈우병血友病, haemophilia이다. 영국 빅토리아 여왕의 가계에는 혈우병이 유별나게 흔했다. 러시아의 마지막 차르 니콜라이 2세의 아들이자 여왕의 증손주였던 알렉세이 왕자도 그런 후손 중 하나였다(그림 32). 혈우병 환자는 살짝 베이기만 해도 종종 생사가 오락가락하곤 한다. 그래서 현대 혈액은행은 혈우병 환자들을 위해 프로테이나아제 응고인자를 정제할 기증 혈액을 확보하는 임무를 맡고 있다.

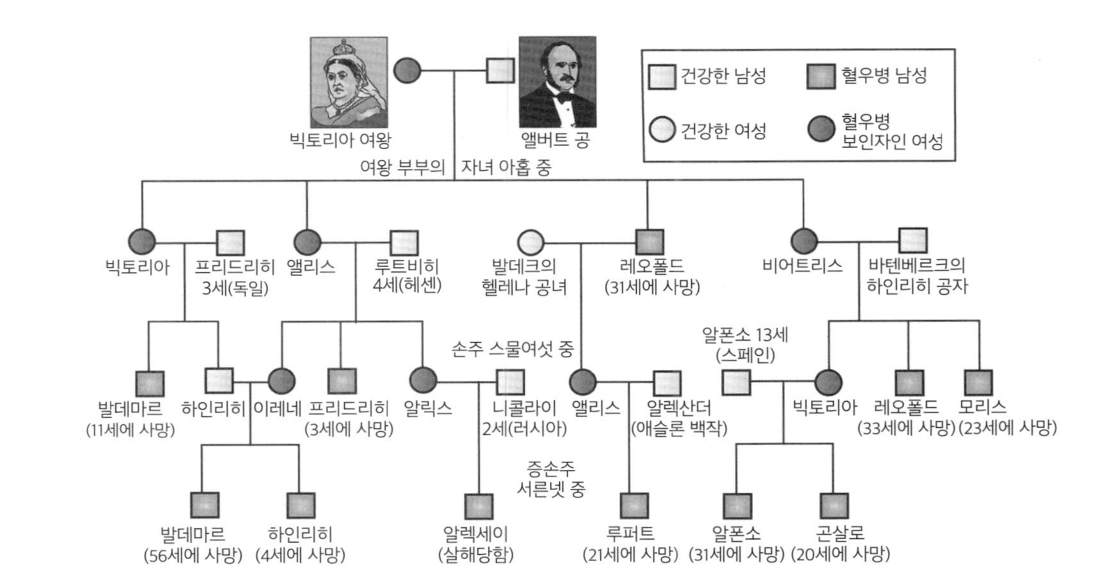

그림 32 왕실의 혈우병. 혈우병 유전자는 X 염색체상에 존재하고 여성은 X 염색체가 한 쌍이다. 여왕이 낳은 공주 몇몇과 마찬가지로 본인에게는 아무 문제 없었지만, 빅토리아 여왕은 정상 카피 하나와 결함 있는 카피 하나를 가진 보인자였다. 하지만 남성은 X 염색체가 하나뿐이므로 문제의 염색체 카피를 물려받은 레오폴드 왕자는 평생 혈우병을 앓았다.

피가 빨리 멈추지 않는 것도 골치지만 반대로 부적절한 시점에 엉뚱한 곳에서 피가 굳는 것 역시 위험하기는 마찬가지다. 혈액이 쓸데없이 덩이지는 **혈전증**血栓症, thrombosis이 생겨 혈전이 관상동맥을 타고 심장으로 가서 심장마비를 일으키거나 뇌로 올라가 뇌졸중을 일으키면 목숨을 잃을 수 있다. 하지만 다행히도 우리 몸 안에는 폭주한 혈액응고 과정을 다잡는 방어기제가 따로 마련되어 있다. 여기에는 여러 물질이 관여하는데, 그중 가장 중요한 것으로 **조직 플라스미노겐 활성제**tissue plasminogen activator, 즉 tPA를 꼽을 수 있다. 대충 짐작되겠지만 tPA는 비활성 플라스미노겐을 활성 플라스민plasmin으로 변환하는 프로테이나아제다. 굴레를 벗은 플라스민은 또 하나의 프로테이나아제로 기능해 피브린 덩어리를 해체시킨다. 요즘은 사람의 tPA가 의약품으로 개발되어 있어서 뇌졸중 환자에게 제때 투여하면 회복 경과를 크게 개선할 수 있다.

다른 곳에 쓸 화학에너지를 가둬두는 효소

프로테이나아제 얘기는 이만하고 이제부터는 다른 걸 생각해보자. 효소들은 어떻게 일어날 반응과 일어나지 않을 반응을 주도적으로 선택하고 그럼으로써 화학물질들이 특정 대사경로 쪽으로 쏠리게 하는 걸까? 바로 앞 4장에서 강조했듯, ATP는 생체 세포들의 '만능 에너지 화폐'라 비유될 정도로 중추적인 생체에너지 형태다. 식물이나 원시동물들은 햇빛에서 얻은 에너지를 가지고 ADP에 인산기를 덧붙여 ATP를 합성한다(그림 33). 반면에 우리 인간 같은 나머지 동물은 음식물을 분해하는 방법으로 똑같은 변환을 일으킨다. 반대로 ATP를 ADP와 인산염으로 해체하는 역방향 변환은 모든 생물에서 일어나는데, 이때 나오는 에너지는 근육 수축, 신경 전도, 물질 이동 등 화학적인 혹은 물리적인 여타 필수 생명현상에 투입된다.

ATP를 만들어 에너지를 비축하는 반응을 화학반응식으로 적

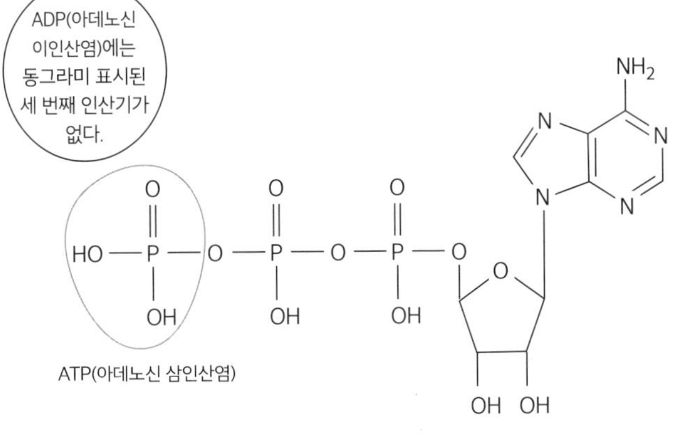

그림 33 아데노신 삼인산염

으면 다음과 같다.

ADP + 인산염 → ATP + 물 (1)

단, 간단히 요약한 게 이렇다는 얘기고 엄밀하게 말하자면 전체 과정이 한 번에 끝나는 단순한 반응은 아니다. 현실에서는 이 화학반응식처럼 왼쪽에서 오른쪽으로 그대로 진행해 ATP가 만들어지는 반응이 웬만해선 일어나지 않는다. 열역학적 '오르막' 때문이다. 나중에 다시 얘기하겠지만 실은 그런 점이 ATP를 특별하게 만드는 특징이기도 하다. 세포 안에서 이 화학반응이 일어나기 위해서는 열역학 그래프가 '내리막'을 그리면서 ADP와 반응할 수 있는 인산염의 제공자가 있어야 한다. 이 문제는 여러 가지 방법으로 해결할 수 있다. 하지만 여기서는 **에너지 커플링**energy coupling 원리의 이해를 위해 하나의 경우만 자세히 설명하려고 한다.

탄소 6개짜리 글루코오스는 해당 과정에서 한쪽 끝에 인산기가 달린 작은 당 인산염sugar phosphate 분자로 변한다. 구체적인 과정은 이렇다. 먼저 **알돌라아제**aldolase가 이 분자 가운데를 타격해 쪼갠다. 그 결과, 각각 인산기를 하나씩 가진 탄소 3개짜리 분자 2개가 만들어진다(그림 34). 이때 또 다른 효소인 **트리오스 인산염 이소메라아제**triose phosphate isomerase(삼탄당인산염 이성질화

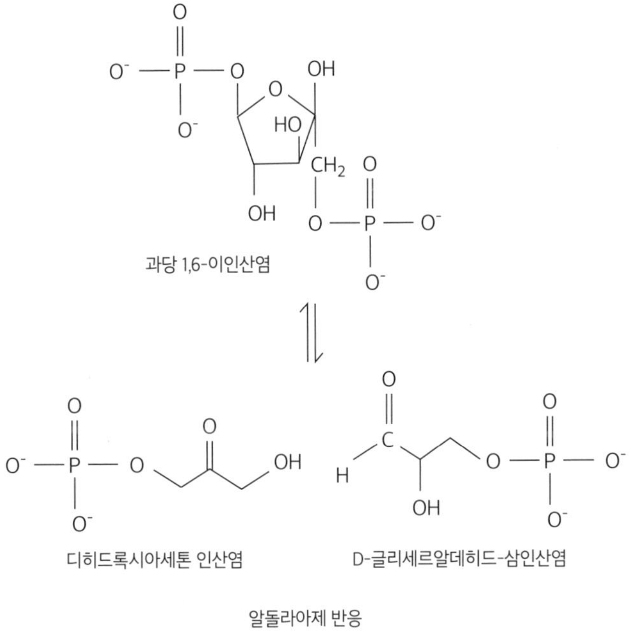

과당 1,6-이인산염

디히드록시아세톤 인산염

D-글리세르알데히드-삼인산염

알돌라아제 반응

그림 34 알돌라아제 반응

효소)가 다가와 두 분자가 서로로 변환될 수 있게 한다. 덕분에 이후에 두 물질 다 하나의 반응경로로 처리될 수 있다.

그러고 나면 이제부터 탄소 3개짜리 글리세르알데히드 삼인산염glyceraldehyde 3-phosphate에 산화반응이 일어난다(이때 4장에서 소개한 보조인자 NAD^+의 도움을 받는다). 이론상으로는 깔끔하게 글리세르알데히드 삼인산염이 에너지 저장이 가능한 글리세르산 삼인산염glyceric acid 3-phosphate으로 바로 산화되는 게 화학적으로나 열역학적으로 '바람직한' 방식일 터다. 하지만 이건 우리가 원하는 게 아니다. 한 번 놓친 에너지는 일에 쓰려고 다시 잡아 오는 게 불가능하기 때문이다. 그런 이유로 생체효소는 기질분자를 산화시키는 동시에 세포액에 떠다니던 무기인산 이온들 중에서 하나를 낚아 두 번째 인산기를 분자에 더하는 조금 다른 반응(아래 반응식 (2))을 촉매할 수 있게 진화했다. 그렇게 해서 나오는 결과물이 바로 1,3-비스포스포글리세르산1,3-bisphosphoglyceric acid이다.

$$\text{글리세르알데히드 삼인산염} + \text{NAD}^+ + \text{인산} \rightarrow \text{1,3-비스포스포글리세르산} + \text{NADH} \quad (2)$$

이 반응 (2)는 인산기가 늘어나지 않는 이론상의 반응식에서 알 수 있듯이 그리 가파른 내리막은 아니지만, 여전히 잘 일어날 만한 성질을 갖고 있다. 이 반응에서는 반응이 일어나게 할 만큼의 에너지가 적당히 '소비'되지만 동시에 에너지 일부가 비축된다.

과정을 늘려 일을 복잡하게 만든다며 생화학 초심자들이 미간을 찌푸리는 이 반응의 진가가 바로 이 대목에서 등장한다. 중간에 일부러 우회함으로써, 다음 반응 (3)에서 아까 덤으로 얻은 인산기를 ADP로 옮기도록 분자를 밀어붙일 확실한 열역학적 추진력을 확보한 것이다.

1,3-비스포스포글리세르산 + ADP

→ 3-포스포글리세르산 + ATP (3)

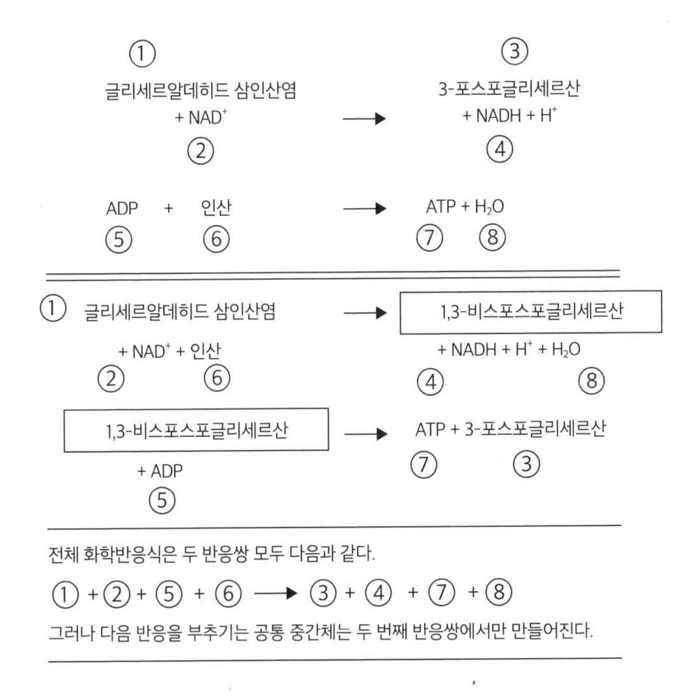

그림 35 공통 중간체가 매개하는 에너지 커플링

그림 35를 보면 두 가지 반응쌍이 한자리에 정리되어 있다. 겉보기엔 둘 다 최종 결과물이 같고 ATP가 생기는 것도 공통적이다. 하지만 위쪽은 현실적으로 일어날 수 없다. 두 반응 중 하나는 열역학적으로 타당하지 않고 나머지 하나는 아까운 에너지가 거둬지지 못하고 낭비될 소지가 크기 때문이다. 반면에 아래쪽은 둘 다 열역학적으로 바람직한 '내리막' 반응이다. 심지어 하나가 다른 하나를 재촉해 더 잘 일어나게 한다. 앞 반응에서 생긴 **공통 중간체**(1,3-비스포스포글리세르산)가 뒤의 반응에 쓰이기 때문이다. 1번 주자가 건네는 바통을 직접 받아야만 2번 주자가 달려 나갈 수 있는 이어달리기를 상상하면 된다. 1번 주자가 중간에 바통을 떨어뜨리면 2번 주자에게는 희망이 없다. 아래쪽 반응쌍에서 바통은 공통 중간체인 1,3-비스포스포글리세르산이 된다. 이와 달리 위쪽 반응쌍의 경우에는 바통 자체가 없다.

이와 같은 에너지 수확 절차의 성패는 전적으로 두 가지 조건에 달려 있다. 하나는 올바른 반응을 일으키는 촉매가 존재해야 한다는 것이며, 위에서 언급한 사례와 같이 짧고 간단해 보이지만 ATP 생성이 확실히 보장되지는 않는 '바람직한 듯한' 반응의 촉매작용이 없는 것 또한 중요하다.

ATP를 써서 어떤 생명현상을 일으키고자 할 때라면 언제든, 역방향으로 같은 원칙이 작용된다. 오른쪽에서 왼쪽으로 갈 때는 앞 반응 (1)의 열역학 흐름이 '내리막'을 그리게 된다. 즉, 이론적으로 반응이 오른쪽에서 왼쪽으로 빠르게 진행되고 ADP가 속속 복원될 것이다. 비축했던 ATP가 거의 다 해체되고 그 안의 에너지가 거의 다 방출될 때까지 반응은 멈추지 않는다. 비유처럼 ATP를 세포의 에너지 화폐라 치면 이것은 돈을 허공에 뿌리는 행위와 같다. ATP를 탕진해 에너지가 바닥난 순간, 자기 순서를 기다리던 생명현상들은 전부 그대로 멈춰 설 수밖에 없다. 그런 까닭에 실제로는 일이 이렇게 진행되지 않는다. 대신, ATP는 언제나 물이 아닌 다른 물질과 반응을 일으켜서 이번에도 공통 중간체가 매개하는 에너지 커플링이 일어나도록 한다. 다음 꼭지에서 그 실례를 보자.

유전암호를 번역하는 효소

이번에 할 얘기는 사실 효소 하나가 아니라 효소 무리가 하는 일이다. 지난 1950년대에 빛을 발한 제임스 왓슨과 프랜시스 크릭의 통찰력 덕에 요즘엔 DNA 안에 유전정보가 암호화되어 있다는 사실을 누구나 알고 있다.

DNA 분자는 아주 길게 줄을 선 무수한 **뉴클레오티드**nucleotide들로 이루어져 있다. 여기서 뉴클레오티드는 구성 염기가 아데닌(A)인지, 구아닌(G)인지, 시토신(C)인지, 아니면 티민(T)인지에 따라 총 4가지로 구분된다(그림 36). 그래서 DNA 염기서열은 아래와 같이 끝없이 아무렇게나 이어지는 알파벳 4종의 연속처럼 보이곤 한다.

…AACGATCCCGAGAATGACACGGTA…

아무 규칙도 없는 것 같은 이 무한문자열은 0과 1로만 이어지는 이진법 전산 코드처럼 무료하게만 느껴진다. 하지만 0과 1로 된 이진법이 그렇듯 실은 DNA 가닥에도 중요한 정보가 압축되어 있다. DNA에 담긴 암호는 합성할 분자의 성질에 따라 두 종류로 나뉜다. 첫째는 새 DNA 복사본을 정확하게 합성하기 위한 암호다. 새 DNA가 실수 없이 복제되어야만 딸세포와 후손에게 올바른 유전 메시지를 전달할 수 있다. 이때 관건은 일찍이 왓슨과 크릭이 발견한 DNA의 특정 구조 패턴이다. DNA 분자는 마치 배배 꼬인 기다란 지퍼처럼 두 가닥이 마주 보며 빙빙 돌아 올라가는 이중나선double helix 구조로 존재한다. 맞물리는 이가 다 똑같이 생긴 지퍼와 다른 점은 DNA의 경우 칸마다 뉴클레오티드 종류에 따라 정확한 짝을 맞춰야 한다는 것이다. 가령, 이 가닥의 덩치 큰 G는 맞은편 가닥의 같은 자리에 있는 왜소한 C와 손을 맞잡고 이 가닥의 커다란 A는 저 가닥의 작은 T와 맞잡는 식이다. 즉, …GGATCACGTT…의 맞은편 가닥 같

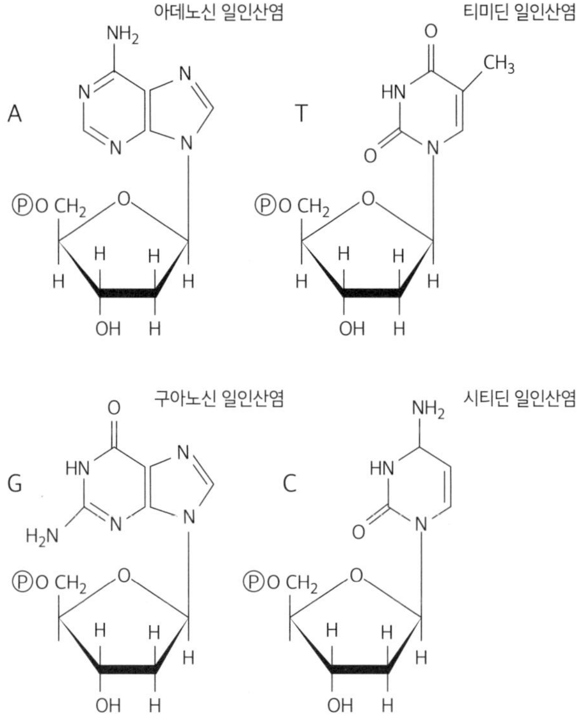

그림 36 DNA 염기. 위에 제시된 뉴클레오티드 분자 4종을 보면 푸린purine 염기인 아데닌과 구아닌 그리고 피리미딘 염기인 티민과 시토신이 탄소 5개짜리 당에 각각 연결되어 있다. 107쪽 그림 33의 탄소 5개짜리 리보스와 비교하면 이 그림의 당 골격에는 산소 원자 하나가 적다. 이것이 데옥시리보스와 DNA가 RNA와 다른 점이다. 동그라미 표시된 P는 생화학자들이 사용하는, 인산염의 축약기호다.

은 자리는 …CCTAGTGCAA…라는 염기서열을 갖게 된다. 그러다 DNA를 복제해야 하는 순간이 오면 이중나선이 풀리면서 두 가닥이 분리된다. 여기에 DNA 중합효소DNA polymerase가 다가와 어느 한 가닥을 읽어 내려간다. 그러면서 G의 짝은 C, A의 짝은 T라는 규칙을 충실히 지켜 상보적 가닥을 새로 잣는다.

하지만 이것은 아주 가끔 벌어지는 행사이고 DNA 분자와 동료 효소들이 매일 하는 일은 따로 있다. 바로, DNA와는 다른 종류의 핵산인 리보핵산RNA, ribonucleic acid을 합성하는 것이다. 만약 이런 소소하지만 꾸준한 일상 작업이 없다면 DNA 복제도 아무 의미 없는 짓이 될 것이다. DNA에 새겨진 RNA 합성 암호의 해독을 돕는 효소는 RNA 중합효소RNA polymerase로, 이것은 한 DNA 가닥을 꼼꼼히 훑어가면서 염기를 하나하나 읽는다. 그러면서 DNA의 C, G, T, A를 각각 G, C, A, U(우리딘uridine)와 짝지어 새 RNA 가닥을 합성한다(RNA에서는 A의 짝이 T가 아니라 우리딘임을 주의하자). 이런 식으로 새로 만들어지는 RNA 분자 중에는 간혹 세포 기구 유형(예를 들어, 나중에 더 자세히 살펴볼 리보솜 RNA와 전달 RNA)도 있지만 대부분은 소위 전령 RNAmRNA, messenger RNA라는 유형이다. 각 mRNA는 저마다 임무가 구체적으로 정해져 있어서, mRNA 분자가 단백질의 특정 아미노산 서열을 지정한다. 문제는 뉴클레오티드는 고작 4가지인데 아미노산은 총 20종이라는 것이다. 그러니 1 대 1 암호화는 가능할 리 만무하다. AC, GC, TA처럼 DNA 염기 문자를 둘씩 짝지어 계산해 봐도 4×4=16이니 아미노산 16종까지만 암호화가 가능하다. 아미노산 종류를 지정하는 생물의 유전암호가 GCC, AAA, CAG와 같이 문자 3개가 한 묶음을 이루는 삼총사 코돈codon 단위로 이뤄져 있을 것이라는 추측이 나온 게 바로 이런 경위에서였다. 그리고 이 추측은 얼마 안 있어 사실로 드러난다. 과학자들은 단순하게 반복되는 염기서열을 갖는 RNA를 인위적으로 합성했다. 그런 다음 이 RNA를 세포의 단백질 합성기구에 공급하고 그 결과 만들어진 폴리펩티드의 아미노산 서열을 분석했다. 이런 식으로 유전암호 전체를 차근차근 해독해냈다. 그렇게 밝혀진 바에 따르면, 문자 3개로 나올 수 있는 조합의 코돈 총 64종이 전부 단백질 합성에 실제로 사용된다고 한다. 여기서 경계 표시 기능을 가진 코돈은 총 4가지이고, 그중 UAG, UAA, UGA는 한 유전자가 끝났음을 알리는 종결 코돈으로 쓰인다. 반면에 네 번째 코돈 AUG는 좀 특이하다. 맨 앞에 오면 유전자 발현 개시를 알리는 신호가 되고 중간에 등장할 땐 아미노산 종류를 메티오닌으로 지정하는 두 가지 임무를 수행한다는 점에서다. 나머지 60가지 코돈은 모두 특정 아미노산의 지시어다. 즉, 아미노산 20종 대부분이 최소 둘, 많게는 여섯 가지 코돈을 거느리는 셈이다.

그렇다면 코돈이 아미노산으로 바뀌는 실제 과정은 어떨까? mRNA 분자의 코돈 순서는 어떻게 단백질 분자의 아미노산 서열로 정확하게 번역되는 걸까? 모든 일은 갓 생성된 mRNA 분자가 본능적으로 리보솜ribosome을 찾아가면서 시작된다. 리보솜은 RNA(드물게 세포 기구 유형이 된다고 앞에서 얘기했던 그 RNA)와 단백질이 결합한 것인데, 세포가 새로운 단백질 분자를 합성하는 공장이라면 리보솜은 조립라인과 같다. 리보솜은 몇 가지 촉매활성을 자체적으로 보유하고 있다. 그런 까닭에 mRNA 분자가 들어와 코돈을 하나하나 꺼내 보일 때 거기에 맞는 아미노산을 차례대로 꿰어 펩티드 사슬을 연장해간다. 여기서 정말로 궁금한 점은 RNA 안의 암호 메시지가 구체적으로 어떻게 아미노산 서열로 번역되는지일 것이다. 어떤 어댑터 메커니즘 같은 게 있는 건 분명한데 말이다. 그런 의미에서 실제 효소 하나를 예로 들어 설명해볼까 한다.

이렇게 마술 같은 분자 현상의 중심에는 전달 RNA tRNA, transfer RNA와 이 RNA가 가진 효소 활성이 있다. tRNA는 앞서 언급했던 또 다른 특수 RNA이기도 하다. 각 tRNA 분자는 특정 코돈의 염기 순서와 짝을 이루는 안티코돈anticodon 부위를 갖고 있다. 그런 까닭에 mRNA 분자의 코돈마다 각각을 정확하게 인식하는 tRNA 유형이 따로따로 존재한다(그림 37).

인식한 코돈을 아미노산으로 실체화하는 행동대장 역할은 아미노아실 tRNA 신테타아제amino acyl tRNA synthetase라는 효소 한 세트가 담당한다(번역된 상용명은 '합성효소'지만 엄밀히는 가수분해 단계 개입 여부에 따라 신타아제synthase와 신테타아제synthetase가 구분

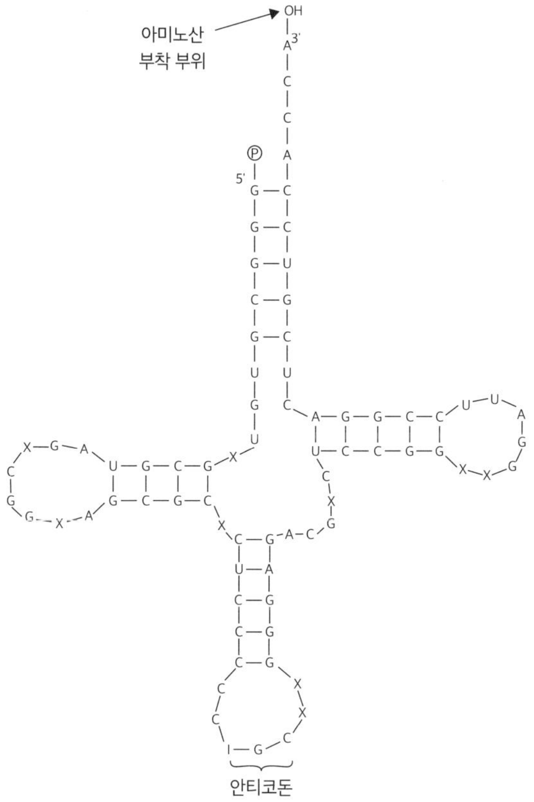

아미노산 부착 부위

안티코돈

그림 37 tRNA와 안티코돈 고리. 알라닌을 합성하는 효모의 tRNA가 이런 염기 순서로 되어 있다. 그림은 삼차원 입체 분자를 이차원 평면에 펴서 묘사한 것이다. 전체적으로는 긴 한 가닥이지만, 염기배열 순서 때문에 분자 안에서 쌍을 이룬 염기쌍들이 네 방향으로 뻗어나가 tRNA 특유의 클로버잎 모양을 만든다. RNA를 구성하는 표준 뉴클레오티드 4종은 A, C, G, U이다. X 자리에는 비표준 뉴클레오티드가 온다. 가장 주목할 특징은 CCA 꼬리와 안티코돈 고리다. CCA 꼬리는 tRNA 분자에 아미노산이 붙는 지점이고, 안티코돈 고리 안에 나오는 염기서열 C-G-I(I는 이노신을 뜻한다)는 3'에서 5' 방향으로 염기쌍을 읽어 알라닌(Ala)의 코돈인 GCU, GCC, GCA, GCG를 인식한다.

되기 때문에 영문 독음으로 번역하였다—옮긴이). 이 효소들은 하나하나가 아미노산 종류에 대한 선호가 확실해서 각자 맞은 아미노산 기질만 완벽에 가까운 정확도로 인식하여 갖가지 tRNA 분자들 가운데 자신이 찾던 유형을 정확하게 알아보고 달라붙는다. 효소의 목표는 아미노산의 카르복실기와 tRNA 분자의 끝부분을 연결해 아미노아실 tRNA 분자를 만드는 것이다. 문제는 이게 앞에서 설명한 것처럼 ATP에 저장된 에너지의 부추김 없이는 일어나지 않는 유의 화학반응이라는 점이다. 그런 까닭으로 전체 반응이 두 단계로 나눠 진행된다(이때 ATP가 쪼개지는 단계와 아미노아실 tRNA가 생성되는 단계를 잇는 공통 중간체가 반드시 있어야 한다는 사실을 잊지 말자). 우선 앞 단계는 아미노산과 ATP를 합쳐 아미노아실 아데닐산염을 만드는 반응이다. 이 과정에서 ATP는 가지고 있던 인산기 셋 중 둘을 잃게 된다(그림 38).

그러고 나면 효소가 tRNA를 불러들이기가 한결 수월해진다. 에너지가 반응에 유리하게 흐르는 이 후반부 단계에서는 아미노아실기가 아데닐산염을 떠나 tNRA로 옮겨가서 아미노아실 tRNA가 만들어진다. 이런 과정이 아미노산 20종 각각을 전담하는 아미노아실 tRNA 신테타아제의 도움을 받아 일어난다. 새롭게 만들어진 아미노아실 tRNA는 언제든 올바른 코돈이 나타나면 아미노산을 리보솜에 재깍 넘겨줄 준비가 되어 있다. 이처럼 tRNA 분자와 아미노아실 tRNA 신테타아제가 함께 특정

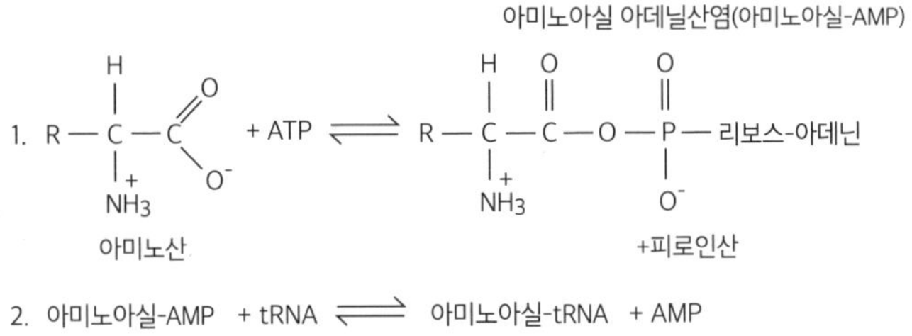

아미노아실 아데닐산염(아미노아실-AMP)

1. $R-C(H)(NH_3^+)-C(=O)O^-$ + ATP ⇌ $R-C(H)(NH_3^+)-C(=O)-O-P(=O)(O^-)-$리보스-아데닌

아미노산 +피로인산

2. 아미노아실-AMP + tRNA ⇌ 아미노아실-tRNA + AMP

그림 38 아미노아실 tRNA 생성에 ATP가 쓰이는 방식. 2번 반응에서 아데노신 일인산염AMP의 인산기를 붙잡고 있던 아미노산이 동족 tRNA의 말단 아데노신으로 옮겨가 붙는다.

코돈을 전담하는 협동 시스템은 유전암호를 실행시켜 생명이 숨 쉬며 존재하게 하는 일등 공신이다. 극도로 낮은 오류 발생률로 아미노산 하나하나를 그 긴 단백질 사슬로 꿰어나갈 수 있는 것도 다 이 효소 세트의 놀라운 기질 특이성 덕이다.

동질효소

1950년대 후반과 1960년대는 유전자 클로닝gene cloning이나 DNA 염기서열 분석을 꿈꾸는 건 고사하고, 밝혀진 아미노산 서열조차 얼마 없던 시대였다. 그럼에도 여러 가지 효소의 성질을 두고는 벌써 다양한 의견이 충돌하고 있었다. 도화선이 된

것은 두 가지 효소 실험이었다. 한 동식물의 체내에서 얻은 여러 장기 조직을 가지고 효소 반응을 일으키는 연구였는데, 첫 번째 실험에서는 반응의 동역학적 성질(K_m 같은 것 말이다. 이에 대해서는 2장을 참고하라)을 측정했더니 같은 효소인데도 다른 조직에서는 완전히 다른 결과가 목격됐다. 두 번째는 한창 주목받던 **전기영동**電氣泳動, electrophoresis을 활용한 실험이었다. 전기영동이란 전기장에서 단백질이 종류에 따라 이동 속도가 다르다는 점을 이용해 단백질을 분리하는 기술이다. 그런데 종종 효소 단백질이 띠 하나가 아니라 여러 줄로 표시되는 게 아닌가. 일례로 젖산 탈수소효소는 전기영동을 돌리면 동물의 어느 체조직인지에 따라 띠 다섯 줄로 갈라져 나오곤 했다(그림 39). 처음에 효소학자들은 섬세한 효소를 막 다룬 작업자의 부주의함을 탓했다. 그러다 서서히 실마리가 잡히면서 다른 결과가 곧 실험이 틀렸음을 의미하는 것은 아니며, 모두가 진정한 생명현상임을 차차 인정하기 시작했다. 효소의 아미노산 서열은 물론이고 DNA 염기서열까지 낱낱이 밝혀진 오늘날, 각각 서로 다른 유전자에 의해 따로따로 발현되는 여러 효소 단백질이 똑같은 반응을 촉매하기도 한다는 건 더 이상 새로운 사실이 아니다. 그런 효소를 우리는 **동질효소**同質酵素, isoenzyme, isozyme라 부른다. 이런 효소는 도대체 왜 필요할까? 바로, 앞에서 말했던 동역학적 성질의 차이 때문이다. 체내 장기조직의 구분은 고등동물일수록 업무 세

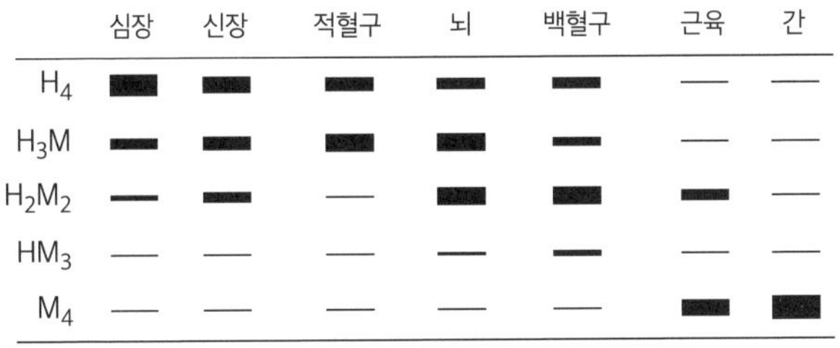

	심장	신장	적혈구	뇌	백혈구	근육	간
H_4							
H_3M							
H_2M_2							
HM_3							
M_4							

그림 39 동질효소 띠. 사람과 기타 포유류들의 젖산 탈수소효소 활성은 대부분 2가지 유전자 중 하나에 의해 통제되는데, 하나는 H(심장heart의 영문 머리글자) 아단위의 합성을 명령하는 유전자이고 다른 하나는 M(근육muscle의 영문 머리글자) 아단위의 합성을 명령하는 유전자이다. 원래 젖산 탈수소효소는 아단위 4개로 이뤄지는 분자다. 아단위들의 조합은 H_4, H_3M, H_2M_2, HM_3, M_4라는 5가지가 나올 수 있다. 이때 H 아단위와 M 아단위가 서로 다른 전하를 갖는다는 특징을 이용해 5가지 동질효소를 전기영동법으로 분리한다. 특히 장기조직마다 M과 H의 비가 다르기 때문에 대충 떼어낸 체조직 검체나 생검 검체 등에서도 염색 후 효소 활성 패턴을 두 눈으로 확인할 수 있다.

분화를 위해 점점 뚜렷해지기 마련이다. 그런 까닭에 어떤 반응이 완전히 다른 환경에서 똑같이 일어나기도 하고 같은 반응이 조건에 따라 반대 방향으로 진행되기도 한다. 대표적인 예가 해당작용의 첫 단계다. 앞서 언급했듯, 해당작용의 첫 번째 단계는 글루코오스와 ATP가 글루코오스 6-인산염과 ADP로 변하는 반응이다. 근육에서는 이 반응을 **헥소키나아제**hexokinase가 매개하는데, 수십 년의 연구 자료에 의하면 글루코오스에 대한 이 효소 작용의 K_m값은 10마이크로몰(즉 10^{-6}M)쯤 된다. 간에서는 똑같은 반응이 **글루코키나아제**glucokinase라는 동질효소의 활약으로 이뤄진다. 이때 K_m값은 헥소키나아제의 1,000배인 약 10밀리몰(즉 10^{-3}M)이다. 그렇다고 효소라면서 그렇게 둔해서야 쓰겠냐고 글루코키나아제를 무시하는 것은 큰 실례다. 본래 간은 끼니때마다 갖가지 소화 산물과 함께 어마어마한 양의 글루코오스가 밀려 들어오는 장기다. 그러니 글루코오스 농도가 주기적으로 치솟을 수밖에 없다. 즉, 간에게는 매 순간 평정을 유지하는 것보다 글루코오스의 널뛰기에 능란하게 대응하는 능력이 우선인 것이다. 이와 달리 헥소키나아제의 활동 장소인 조직들은 늘 수치가 엄격하게 관리되는 혈관으로부터 글루코오스를 공급받는다. 그렇기 때문에 헥소키나아제는 평생 글루코오스 고농도 상태를 체험할 일이 없다. 또 다른 예는 알돌라아제다. 알돌라아제 반응(115쪽 그림 36)은 어느 장기조직이냐에 따라 글루코오스가 만들어지는 방향으로 진행되기도 하고 분해되는 쪽으로 일어나기도 한다. 마찬가지로 그런 조직에는 각각의 생리학적 업무에 딱 맞게 조율된 서로 다른 알돌라아제 동질효소가 대기하고 있다.

○

6

대사 경로와 효소의 진화

단백질과 진화

가령 탄산탈수효소처럼 전담 효소 하나가 한 방에 끝내는 단순한 반응도 있긴 있다. 하지만 대개는 직전 단계의 결과물을 다음 단계의 원료로 재투입하는 식으로 효소들이 팀을 이뤄 전체 반응경로를 돌리는 게 보통이다. 훨씬 단순한 출발 물질을 가지고 아미노산을 합성한다든지, 반대로 음식물 분자를 분해해 새 화학반응에 쓸 기본 재료를 만들고 에너지를 비축한다든지 할 때 이런 협동 작업이 일어나곤 한다. 생명은 이와 같은 효소들의 체계적인 팀워크가 낳은 복합적 작품이다. 그런 걸 보면 생물계에서는 구석구석 치밀하게 계획되지 않은 존재가 없다는 생각이 든다. 얼마 전까지도 온 세상이 생명의 놀라운 완성도가 전능한 창조주의 세심한 손길 덕이라 굳게 믿은 것도 어찌 보면 당연하다. 하지만 찰스 다윈Charles Darwin의 등장 이후, 사람들은 생물계가 지금과 같은 모습이 된 경위를 완전히 다르게 이해하기 시작했다. 다윈 덕에 우리는 각 생물종이 자연선택 때문에 생존에 유리하게 짧게는 수천 년에서 길게는 수백만 년에 걸쳐 조금씩 적응했을 거라고 생각하게 되었다. 그리고 《종의 기원》 출간 후 150년 동안, 그런 변화를 가져온 유전학의 메커니즘에 관한 훨씬 많은 사실이 새롭게 밝혀졌다. 그렇다면 분자 수준에서 보는 대사 경로와 효소 하나하나도 같은 논리로 생각할 수 있을까?

솔직히 말해, 효소와 단백질 연구는 빅토리아 시대 과학자들로부터 시작된 확신을 점점 단단하게 굳히고 있다. 눈동자 색이나 날개 모양처럼 동식물을 규정하는 많은 생물학적 특징이 여러 유전자에 의해 통제된다고는 하지만, 단백질 하나하나를 뜯어보면 유전자 하나하나의 산물을 살펴볼 수 있다. 심지어 최근에는 그 유전자를 직접적으로 분석하는 것도 가능해졌다. 이제 우리는 단백질의 아미노산 서열을 알아내고 나아가 그 DNA의 염기서열까지 밝혀낸다. 그럼으로써 한 효소가 동물종마다 어떻게 다른지 비교할 수도 있고 한 동물종 안에서 비슷하지만 똑같지는 않은 반응들을 촉매하는 효소들끼리 비교할 수도 있다.

생물종끼리 비교하기

1960년대 초반, 서로 다른 생물종에서 추출된 같은 종류 효소의 아미노산 서열 정보가 조각조각 나오기 시작했다(당시 기술력으로는 덩치 큰 단백질을 한 번에 처리하는 것이 몹시 버겁고 오래 걸렸기에 데이터를 찔끔찔끔 얻을 수밖에 없었다). 이 데이터가 어떤 결과를 만들어낼지는 어느 과학자도 예측하지 못했다. 그러나 비교 작업 몇 번 만에 앞으로 수백 가지 효소와 단백질에 끝없이 재등장할 일정 패턴이 실체를 드러냈다. 말과 생쥐(둘 다 포유류이다) 혹은 펭귄과 비둘기(둘 다 조류이다)처럼 계통분류상 가까운 편인 두 동물종이 있다고 치자. 둘을 놓고 같은 효소의 아미노산 서열을 비교하면 완벽하게 일치하는 부분의 비중이 80퍼센트를 넘는 게 보통이다. 이때 서로 다른 곳은 드문드문 눈에 띌 뿐이다. 가령 그림 40을 보면 말과 생쥐의 알코올 탈수소효소ADH, alcohol dehydrogenase(알코올 데히드로게나아제) 서열은 일치율이 84.5퍼센트나 된다.

만약 말과 개구리를 비교하면 이 효소의 아미노산 서열 차이가 조금 더 벌어진다(두 동물종의 서열 일치율은 68퍼센트이다). 과감하게 말과 효모를 비교하더라도(그림 41) 적잖은 아미노산 서열이 여전히 비슷하다는 걸 알 수 있다(이젠 일치율이 22퍼센트로 뚝 떨어지긴 한다). 그런데 이쯤에서 두 가지 흥미로운 특징이 새롭

```
SP|P00327|ADH1E_HORSE MSTAGKVIKCKAAVLWEEKKPFSIEEVEVAPPKAHEVRIKMVATGICRSDDHVVSGTLVT 60
SP|P00329|ADH1_MOUSE  MSTAGKVIKCKAAVLWELHKPFTIEDIEVAPPKAHEVRIKMVATGVCRSDDHVVSGTLVT 60
                      ***************** :***:**::*****************:**************

SP|P00327|ADH1E_HORSE PLPVIAGHEAAGIVESIGEGVTTVRPGDKVIPLFTPQCGKCRVCKHPEGNFCLKNDLSMP 120
SP|P00329|ADH1_MOUSE  PLPAVLGHEGAGIVESVGEGVTCVKPGDKVIPLFSPQCGECRICKHPESNFCSRSDLLMP 120
                      ***.: ***.******:***** *:*********:****:**:*****.*** :.** **

SP|P00327|ADH1E_HORSE RGTMQDGTSRFTCRGKPIHHFLGTSTFSQYTVVDEISVAKIDAASPLEKVCLIGCGFSTG 180
SP|P00329|ADH1_MOUSE  RGTLREGTSRFSCKGKQIHNFISTSTFSQYTVVDDIAVAKIDGASPLDKVCLIGCGFSTG 180
                      ***:::*****:*:** **:*:.***********:*:*****.****:************

SP|P00327|ADH1E_HORSE YGSAVKVAKVTQGSTCAVFGLGGVGLSVIMGCKAAGAARIIGVDINKDKFAKAKEVGATE 240
SP|P00329|ADH1_MOUSE  YGSAVKVAKVTPGSTCAVFGLGGVGLSVIIGCKAAGAARIIAVDINKDKFAKAKELGATE 240
                      *********** *****************:***********.*************:****

SP|P00327|ADH1E_HORSE CVNPQDYKKPIQEVLTEMSNGGVDFSFEVIGRLDTMVTALSCCQEAYGVSVIVGVPPDSQ 300
SP|P00329|ADH1_MOUSE  CINPQDYSKPIQEVLQEMTDGGVDFSFEVIGRLDTMTSALLSCHAACGVSVVVGVPPNAQ 300
                      *:*****.******* **::****************.:** .*: * ****:*****::*

SP|P00327|ADH1E_HORSE NLSMNPMLLLSGRTWKGAIFGGFKSKDSVPKLVADFMAKKFALDPLITHVLPFEKINEGF 360
SP|P00329|ADH1_MOUSE  NLSMNPMLLLLGRTWKGAIFGGFKSKDSVPKLVADFMAKKFPLDPLITHVLPFEKINEAF 360
                      ********** ****************************** ****************.*

SP|P00327|ADH1E_HORSE DLLRSGESIRTILTF 375
SP|P00329|ADH1_MOUSE  DLLRSGKSIRTVLTF 375
                      ******:****:***
```

그림 40 말과 생쥐의 알코올 탈수소효소 아미노산 서열 비교

게 부각된다. 첫 번째는 차이가 마구잡이로 분포해 있지 않다는 것이다. 다시 말해 불일치 구간들 중에서도 더 비슷하게 다른 곳과 덜 비슷하게 다른 곳이 존재한다. 특히, 차이 나는 서열 안의 어떤 자리는 고를 수 있는 아미노산 선택지가 훨씬 한정적이다. 예를 들어, 오직 글루탐산(Glu)이나 아스파라진산(Asp)만 발견되는 자리가 있다고 치자. 이는 그 자리에는 반드시 음전하를 띠는 아미노산만 오도록 자연선택이 일어났다는 뜻이다(66쪽 그림 19를 참고하라). 또, 류신(Leu)은 이소류신(Ile)이나 발린(Val)에게만 자리를 양보한다. 자연이 이 단백질에 소수성 곁사슬을 강제하기 때문이다. 그림 40에 제시된 아미노산 구간을 보면 이와 같은 **보존적 치환**conservative substitution 성향이 뚜렷하다. 참고로 말과 개구리를 비교할 때 서열 일치율이 68퍼센트라는 건 곧 불일치 쌍의 비중이 32퍼센트라는 말도 된다. 즉 아미노산 375개 중 119개가 다르다는 얘기인데, 더 자세히 들여다보면 그 가운데 70~83퍼센트는 똑같진 않아도 비슷한 종류라는 걸 알 수 있다.

이와 같은 차등적 유사성은 바라보는 수백만 년에 걸쳐 한 공통 조상 유전자에 돌연변이가 차곡차곡 쌓이면서 조금씩 차이 나는 서열들이 하나둘씩 파생해간 결과라는 해석이 지배적이다. 아미노산의 차이는 모두 유전자의 해당 자리에 생긴 돌연변이의 소산인 셈이다.

```
P00327 ADH1E_HORSE      1   MSTAGKVIKCKAAVLWEEKKPFSIEEVEVAPPKAHEVRIKMVATGICRSDDHVVSGTLV-
P00330 ADH1_YEAST       1   MS---IPETQKGVIFYESHGKLEYKDIPVPKPKANELLINVKYSGVCHTDLHAWHGDWPL
                            **        . *..:::*.:  :. ::: *  ***:*: *::  :*:*::* *.  *

P00327 ADH1E_HORSE     60   -TPLPVIAGHEAAGIVESIGEGVTTVRPGDKV-IPLFTPQCGKCRVCKHPEGNFCLKNDL
P00330 ADH1_YEAST      58   PVKLPLVGGHEGAGVVVGMGENVKGWKIGDYAGIKWLNGSCMACEYCELGNESNCPHADL
                             . **::.***.**:* .:**.*.   : **  . *   :. .*   *. *:  : . * : **

P00327 ADH1E_HORSE    118   SMPRGTMQDGTSRFTCRGKPIHHFLGTSTFSQYTVVDEISVAKIDAASPLEKVCLIGCGF
P00330 ADH1_YEAST     118   S--------------------GYTHDGSFQQYATADAVQAAHIPQGTDLAQVAPILCAG
                            *                    :    .:*.**:..* :..*:*  .: * :*. * *.

P00327 ADH1E_HORSE    178   STGYGSAVKVAKVTQGSTCAVFGL-GGVGLSVIMGCKAAGAARIIGVDINKDKFAKAKEV
P00330 ADH1_YEAST     157   ITVYKA-LKSANLMAGHWVAISGAAGGLGSLAV-QYAKAMGYRVLGIDGGEGKEELFRSI
                             * * : :* *::  *   *: *  **:*  .:      * . *::*:* .:.*    :.:

P00327 ADH1E_HORSE    237   GATECVNPQDYKKPIQEVLTEMSNGGVDFSFEVIGRLDTMVTALSCCQEAYGVSVIVGVP
P00330 ADH1_YEAST     215   GGEVFIDFTKEKDIVGAVLK-ATDGGAHGVINV-SVSEAAIEASTRYVRANGTTVLVGMP
                            *.   ::  . *. :  **.  ::**..  ::* .  :: : * :    .* *.:*:**:*

P00327 ADH1E_HORSE    297   PDSQNLSMNPMLLLSGRTWKGAIFGGFKSKDSVPKLVADFMAKKFALDPLITHVLPFEKI
P00330 ADH1_YEAST     273   AGAKCCSDVFNQVVKS----ISIVGSYVGNRADTREALDFFARGLVKSPIKV--VGLSTL
                             .:: *       ::..      :*.*.: .: :  : . **:*: :. .*: .  : :..:

P00327 ADH1E_HORSE    357   NEGFDLLRSGESIRTILTF---
P00330 ADH1_YEAST     327   PEIYEKMEKGQIVGRYVVDTSK
                             * :: :..*: :   :.
```

그림 41 말과 효모의 알코올 탈수소효소 아미노산 서열 비교

두 번째 특징은 서열들이 파생해 나오는 과정에서 가끔은 아미노산 한두 개가 더 들어가거나 빠진다는 것이다. 그런 탓에 비교할 두 서열을 나란히 놓으면 어느 하나가 쑥 삐져나오기 일쑤다. 그림 41에서 효모의 알코올 탈수소효소는 길이가 아미노산 374~375개인 말의 동일 효소에 비해 아미노산 27개만큼 짧다. 그래서 두 동물종 간에 정렬을 맞추려면 공백을 자잘하게 여러 군데 넣거나 넓게 한 군데 둬야 한다. 두 서열이 비슷한지 아닌지 당장은 모르겠을 때 눈에 더 잘 보이게 하려고 빈칸을 새로 넣거나 어떤 구간을 옆으로 밀어낼 땐 조작 아닌가 하는 찜찜한 기분도 든다. 하지만 단백질 구조를 삼차원으로 재현하면 아미노산의 삽입과 누락이 대개 바깥으로 드러나는 단백질 표면의 헐렁한 고리 부분에서 일어나는 걸 확인할 수 있다. 겉표면 고리는 서열 변화가 단백질의 접힘 구조에 아무 영향도 주지 않는 곳이다. 단백질 분자의 단단하게 밀착된 내부는 바깥에 뭐가 들러붙든 떨어져 나가든 별로 신경을 쓰지 않기 때문이다(글상자 6).

충분히 쌓인 생물종 간 비교 자료는 일정한 패턴을 드러내 보인다. 그런 패턴은 우리가 수억 년에 걸쳐 일어난 생물종의 발산진화發散進化, divergent evolution로 알고 있는 현상과 절묘하게 맞아떨어진다. 이 아미노산 서열 데이터를 가지고 효소의 가계도를 그릴 수 있을 정도다. 그뿐만이 아니다. 축적된 데이터는 어떤 변화는 확연한 이점 때문에 일부러 선택되었고 어떤 변화는 딱히 해롭지 않기에 모른 척 남겨졌다는 것도 분명하게 보여준다. 무해한 돌연변이가 DNA에 고정된 흔적은 외부 개체의 유입이 없었던 소수 집단일수록 뚜렷하다. 분석 기술의 발전으로 집단 규모의 DNA 염기서열 정보가 20년치나 축적된 오늘날, 인간 게놈 전체가 이런 '무작위 부동無作爲浮動, random drift' 돌연변이들의 텃밭이라는 건 이미 기정사실이다. 그 지리학적 분포를 추적하면 우리 조상들의 이동 경로를 그려내는 것도 가능하다.

글상자 6 아미노산 서열 비교 점수화

계통분류상 매우 가까운 생물종들끼리 아미노산 서열을 비교할 때는 점수를 매기는 것이 가장 간단하고 확실한 방법이다. 만약 두 서열의 정렬이 완벽하고(즉, 어느 한쪽에 붕 뜨는 곳이 없고) 아미노산 일치도가 90퍼센트를 넘는다면 94퍼센트나 97퍼센트나 숫자에 별 의미가 없다. 그러나 거리가 먼 동물종끼리는 사정이 다르다. 서열상에 아미노산이 불일치하는 자리가 수두룩하고, 시작과 끝을 맞춰 놓느라 중간에 공백을 넣어야 하지만 때로는 어디부터 어디까지 띄워야 할지도 알쏭달쏭하다. 그런 까닭에 불일치하는 자리일수록 신중하게 살피는 게 중요하다. 분석 목적이 서열 A가 서열 C보다 서열 B와 더 비슷한지 아닌지를 파악하는 것이라면 더더욱 그렇다. 이때 활용할 만한 채점법이 몇 가지 있다. 우선, 가장 먼저 할 일은 각 공백마다 벌점을 매기는 것이다. 그래야 언제고 무한한 길이의 공백이 무한개 생기더라도 어떤 단백질 가닥이든 나란히 정렬시킬 수 있다. 비교할 두 가닥의 최적의 정렬을 확정한 다음에는 불일치 아미노산에 점수를 어떻게 매길지 정해야 한다. 앞서 말했듯 중요한 자리의 아미노산은 기껏해야 비슷한 종류로 바뀌는 경향이 강하다. 실제로 이런 유사성을 바탕으로 만들어진 채점표도 이미 여럿 나와 있다. 문제는 점수 평가가 몹시 주관적이라는 것이다. 전하, 소수성, 분자의 모양, 크기 등등 변수가 많은데 과연 무엇에 우선순위를 두어야 할까. 게다가 작은 단백질(표면적 대 부피의 비가 큰 분자)의 채점 기준은 큰 단백질의 채점 기준과 달라야 마땅하다. 용액 안에서 자유롭게 돌아다니는 분자와 세포막에 붙들려 있는 분자도 마찬가지다. 유전자가 아니라 단백질을 가지고 서열을 비교하던 초창기에 이런 주관성을 줄인 채점법을 새롭게 도입하려던 시도가 두 차례 있었다. 첫 번째는 '최소변이거리minimum mutational distance'를 고려하는 방식이었다. 간단히 말해, 각 아미노산마다 가능한 코돈 후보들을 하나하나 조사하고 그 아미노산의 변화를 야기하는 DNA 내 단일염기 변화의 최소 건수를 추정하는 것이다. 단, 이 방법은 진짜 변이거리를 심각하게 과소추정한다는 지적이 있다. 두 번째는 '수용점돌연변이accepted point mutations' 표를 활용하는 것이다. 이 표는 알려져 있는 모든 단백질 아미노산 서열과 그것의 작동에 관해 자료를 수집해서 만드는데, 각 아미노산마다 19가지 치환 보기 각각에 경험적으로 점수를 매긴다. 즉, 메티오닌이 몇 번이나 류신, 글루탐산 등으로 치환됐는가처럼 온전히 실제로 일어난 현상만 객관적으로 따져서 어떤 주관적인 개입 없이 채점하는 식이다.

현재 어마어마하게 나와 있는 서열 데이터 가운데 DNA 염기서열 추리가 필요한 경우는 거의 없다. 데이터베이스에 저장된 정보 대다수가 애초에 유전자를 분석해 나온 것이기 때문이다. 이처럼 요즘은 단백질에서 DNA를 거슬러 추측하기보다 DNA 염기서열을 가지고 단백질의 아미노산 서열을 알아내는 게 보통이다. 게다가, 분석량이 급증함에 따라 성능 좋은 분석도구의 필요성이 커지면서 **다중서열정렬**multiple sequence alignment이 가능한 알고리즘(여러 생물종을 동시에 비교할 수 있도록 각 생물종의 서열을 여러 줄로 정렬하는 프로그램—옮긴이)이 필수로 자리 잡았다. 그 가운데 요즘 가장 널리 사용되는 것은 아일랜드 출신 생물학자 데즈먼드 히긴스Desmond Higgins가 개발한 클러스털CLUSTAL이다. 물론, 공백 삽입과 서열 유사성의 채점 절차를 결정하기에 앞서 비교의 목적이 무엇인지부터 생각하는 건 여전히 기본 중의 기본이다.

효소군

분자의 진화사에 한 발 더 깊이 들어가면, **효소군**enzyme family이라는 개념이 등장한다. 지금까지 우리가 얘기한 유사성은 껍데기만 다를 뿐 안에서는 근본적으로 같은 효소가 같은 일을 하는 생물종들(이를테면 고양이, 콜리플라워, 지네 등)을 비교한 것이었다. 하지만 유사성은 서로 다른 일을 하는 효소들 사이에서도 발견할 수 있다. 맡은 역할은 달라도 화학적 성질이 비슷한 효소들

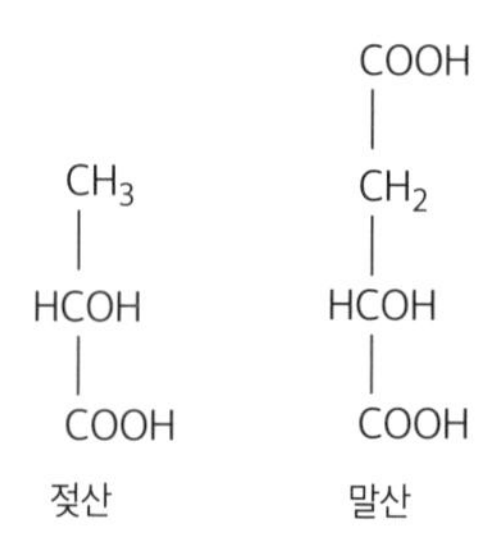

그림 42 젖산과 말산

은 아미노산 서열 역시 비슷한 경우가 흔하기 때문이다. 젖산 탈수소효소와 말산 탈수소효소MDH, malate dehydrogenase(말산 데히드로게나아제)를 예로 들어볼까. 이름에 공통적으로 붙은 '탈수소효소dehydrogenase(데히드로게나아제)'라는 꼬리표는 두 효소가 비슷한 화학반응(산화반응)을 촉매한다는 사실을 알려준다. 두 효소는 보조인자 NAD^+를 똑같이 사용하고 둘 다 하이드록시산(젖산이나 말산)에 작용한다(엄밀히는 두 하이드록시산 각각의 생리학적 pH 조건에서 존재하는 하전된 형태의 젖산 이온과 말산 이온에 작용하는 것이다). 하지만 둘은 엄연히 다른 분자다(그림 42). 따라서 젖산 탈수소효소는 말산과 반응을 일으키지 못하고, 말산 탈수소효소는 젖산을 변화시키지 못한다. 그럼에도 두 효소의 아미노산 서열은 누가 봐도 비슷하며(그림 43) 이런 유사성은 분자의 삼차원 접힘 구조로도 드러난다.

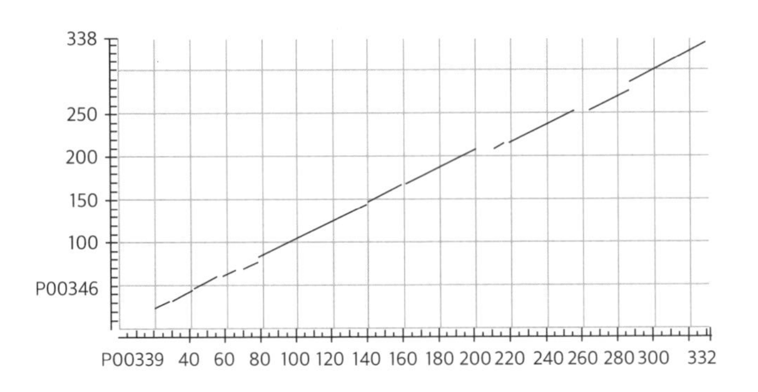

그림 43 젖산 탈수소효소와 말산 탈수소효소의 아미노산 서열 비교. 두 효소를 가로축과 세로축에 하나씩 놓고 알고리즘으로 자리마다 아미노산을 하나하나 비교하면서 점수를 매겨 그래프를 작성한다. 예를 들어, 네모 칸의 단위 크기를 잔기殘基, residue 10개 혹은 15개 등으로 정하고 한 칸씩 넘어가면서 나올 수 있는 모든 정렬을 꼼꼼하게 검토한다. 대부분의 칸에서 계속 높은 점수가 나오면 대각선이 곧게 그려진다.

발산과 수렴

지금까지는 가깝거나 먼 공통 조상으로부터 시작된 가지치기를 반영하는 서열 유사성 사례들을 살펴봤다. 하지만 생물학은 이미 우리에게 진화가 속임수를 사용할 수 있다는 사실을 알려주었다. 빠르게 달리는 데 도움이 되는 체형이나 무소음 비행에 적합한 날개 모양처럼 쓸모 많은 어떤 특징에 대해서라면, 계통분류상 공통분모가 전혀 없는 동물종들이 **수렴진화**收斂進化, convergent evolution를 거쳐 같은 목적지에 이르기도 한다.

그런 까닭에 동물의 경우는 겉모습은 흡사하지만 족보상으로는 거리가 아주 먼 종들이 대륙마다 비슷한 생태적 지위를 차지하는 일이 흔하다. 그렇다면 효소도 그럴까? 분자 수준에서 젖산 탈수소효소와 말산 탈수소효소가 비슷한 걸 가지고 이게 하나의 공통 조상 효소에서 시작된 발산진화를 암시한다고, 혹은 실생활에 유용한 패턴을 따라간 수렴진화의 흔적이라고 확신할 수 있을까?

사실, 효소는 발산진화와 수렴진화 모두를 생생하게 겪었다는 더할 나위 없는 증거다. 게다가 둘을 구분하기가 어렵지도 않다. 발산진화와 수렴진화 모두의 흔적이 뚜렷하게 남아 있는 대표 사례로는 여러 효소군 중 단백질 분해효소를 꼽을 수 있다. 5장에서 소개했던 트립신, 키모트립신, 엘라스타아제를 기억하는가? 세 가지는 모두 펩티드결합의 분해를 촉매하는 효소지만, 어느 두 아미노산 사이의 펩티드결합을 자를지를 두고 각자 확고한 취향을 고집한다. 이 효소들 안에는 상호 비교가 가능한 아미노산 서열 구간과 삼차원 구조 부분이 다수 존재한다. 그래서 그런 부분들을 비교하고 각 효소의 기능적 특징을 조사하면 이 단백질 분해효소들이 다 '한 가족'임을 확인할 수 있다. 이를테면 트립신끼리는 발산진화로 다 연결된 사이이면서 수렴진화 때문에 트립신이 키모트립신이나 엘라스타아제와도 남남이 아니라는 소리다. 분자를 기계로 보면 세 효소는 생김새에는 조금씩 차이가 있지만 기능이 사실상 똑같은 서로 다른 모델과 같다. 그런 맥락에서 세 효소는 모두 세린 프로테이나아제serine proteinases로 분류된다. 촉매작용에 중요한 역할을 하는 세린이라는 특정 아미노산 잔기를 셋 다 공통적으로 분자구조 안에 갖고 있다는 이유에서다. 만약 이 세린이 유전자 수준에서 다른 아미노산으로 바뀌거나 화학적 변화 혹은 물리적 차단을 겪는다면 효소는 촉매로서의 기능을 전혀 못하게 된다. 그런 까닭에 이 세린 잔기에는 필수잔기essential residue라는 특별한 명칭이 붙는다. 이뿐 아니라 세 효소는 세린을 보조하는 활성 부위에 아스파라진산aspartic acid 잔기와 히스티딘histidine 잔기가 반드시 함께 위치한다는 또 다른 공통점을 갖는다. 그래서 이 조합 전체를 효소학에서는 촉매작용기 삼총사catalytic triad라 부른다. 삼차원 구조를 비교하면 이 세린 프로테이나아제군에 속하는 효소들끼리는 공통 아미노산 잔기 삼총사의 기하학적 배열이 사실상 똑같다는 걸 알 수 있다. 그뿐 아니라 삼차원 구조 분석은 각각의 효소가 어떤 차별점 덕분에 기질 단백질의 서로 다른 특정 펩티드 결합을 집중 공략하는지 식별해내는 데에도 효과적이다.

키모트립신을 닮은 세린 프로테이나아제 효소는 자연계 도처에 널려 있다. 심지어 박테리아 안에서도 발견될 정도다. 하지만 박테리아가 만들어내는 이 프로테이나아제군은 키모트립신 말고도 또 있다. 바로, 서브틸리신subtilisin이다. 연구에 의하면 서

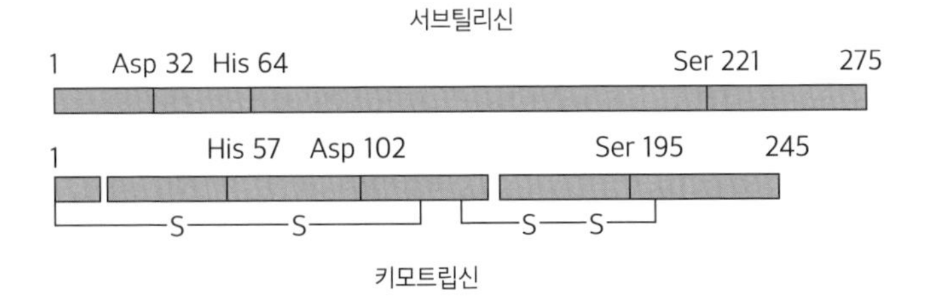

그림 44 키모트립신과 서브틸리신의 촉매작용기 삼총사. 세 아미노산 잔기의 위치, 순서, 간격이 다르다. 키모트립신의 경우, 다이설파이드 결합이 존재하고 키모트립시노겐 활성화 후에 두 곳에 공백이 생긴다는 것이 눈에 띈다.

브틸리신 역시 세린 프로테이나아제의 일종이며 키모트립신을 비롯한 사촌 효소들과 동일한 분자화학을 공유한다고 한다. 그런데 어느 서브틸리신이든 하나와 키모트립신이든 트립신이든 엘라스타아제든 아무거나 하나를 고른다고 치자. 그런 다음 둘을 나란히 펼쳐 아미노산 서열을 비교하면 둘 사이의 유사성이 눈에 띄게 드러나지 않는다(즉, 같은 자리에서 아미노산 종류가 일치할 확률이 완전히 남남 관계인 두 효소 사이에서의 확률과 별반 다르지 않다). 서브틸리신은 같은 세린 프로테이나아제군이어도 키모트립신, 트립신, 엘라스타아제와 아무 연결고리가 없는 부류인 것이다. 엑스레이 결정학 사진을 찍었을 때 서브틸리신 부류 효소들의 접힘 구조가 키모트립신 등의 모양새와 확실히 다르게 나오는 건 당연하다. 단, 삼차원 구조상 촉매작용기 삼총사의 기하학적인 구조는 이번에도 서브틸리신과 키모트립신 등이 정확히 일치한다. 두 효소 분자를 일직선으로 쭉 펼쳤을 때 공통 촉매작용기 삼총사 아미노산들의 배치가 딱 포개지지 않는데도 말이다(그림 44). 이처럼 이들 두 효소군은 분자 수준에서 일어난 수렴진화를 확실하게 예증한다. 다만 두 단백질이 같은 화학작용을 하기 위해 전체적인 모양이나 모든 아미노산 순서가 완전히 똑같을 필요는 없다는 것은 새의 날개와 다른 점이다. 효소 단백질의 경우, 생긴 것도 다르고 서로 아무 관련도 없는 분자 골격들에 동일한 촉매작용 기구가 얹혀 있곤 한다.

뚜렷한 서열 유사성을 찾으면 우리는 그것이 발산진화의 증거라 거의 단정할 수 있다. 이는 반대로 오늘날 수렴진화의 사례라 추측되는 동물종들을 분자 수준에서 비교할 때도 마찬가지다. 가령 미국 새와 호주 새 사이에 색깔과 몸집 혹은 날개나 부리의 모양이 매우 흡사한데 DNA의 염기서열이나 단백질의 아미노산 서열에는 닮은 구석이 전혀 없다면, 더 볼 것도 없이 수렴진화가 확실하다.

새로운 효소는 어디서 탄생할까

효소군을 얘기하면서 아직 다루지 못한 주제가 하나 있다. 이해를 돕기 위해 상황을 가정해서, 현대의 말산 탈수소효소가 먼

옛날 젖산 탈수소효소로부터 파생해 나왔다고 혹은 그 반대라고 쳐보자. 그렇다면 우리 인간 같은 생명체는 어떻게 서로 다른 용도로 두 효소를 다 보유하게 된 걸까? 어느 하나가 다른 하나로 오랜 세월에 걸쳐 진화했다는 가설은 의문을 말끔히 걷어내기에는 불충분하다. 이 수수께끼의 답을 찾으려면 미생물학 실험실으로 가야 한다. 그곳에는 키모스타트chemostats라는 특수 배양조가 있다. 실험자가 모든 환경조건을 통제하고 영양성분 투입량과 배출량을 일정하게 설정해 화학물질 균형을 유지시키는 연속배양장치다. 박테리아 세포는 키모스타트 안에서 자라고 머릿수를 불린다. 그러다 언젠가는 식량 부족으로 개체군이 더 이상 커지지 못하는 한계밀도에 이른다. 개체군의 밀도는 배양조에서 나오는 물질의 양을 토대로 측정하는데, 이미 한계밀도에 도달했다면 개체군 규모는 내부 환경조건이 일정하게 유지되는 한 세포분열을 거듭해 아무리 많은 세대가 지나도 내내 변하지 않는다. 이때 실험자가 박테리아 집단에 위기를 조성한다. 이를테면 핵심 영양성분 하나의 공급을 줄이는 것이다. 이 경우 처음에는 개체군의 밀도가 훨씬 작은 규모로 급감한다. 하지만 변화를 며칠에 걸쳐 관찰하다 보면 어느 순간 밀도가 갑자기 회복되곤 한다. 이 현상은 유익한 돌연변이의 결과다. 유리 수조 안에서 그들만의 자연선택이 일어나는 것이다. 그렇게 남들과 다른 장점을 가진 돌연변이 세포 하나가 생겨나고 빠르게 증식해 집단 내 절대다수가 된다. 돌연변이가 한 미생물종의 번영을 약속하는 방식은 여러 가지인데, 기존 유전자가 완전히 새롭게 개량되면 새 유전자 카피 둘을 보유한 변이세포가 복제할 때마다 그 효소의 양이 두 배로 늘어나는 것도 그중 하나다. 바로 이와 같은 **유전자 중복**gene duplication 현상에 지금 우리가 안고 있는 수수께끼의 열쇠가 있다. 실제로, 유전자 중복 과정은 알아보기 쉽고 드물지도 않게 일어난다.

짐작하는 것처럼, 이것은 세포가 환경 속 스트레스에 대처해 보이는 반응이다. 그런데 스트레스가 사라지고 다시 평화가 찾아온다면 어떻게 될까. 이 경우, 필요량보다 많은 유전자는 불필요한 재고 신세로 전락하고 오랜 시간에 걸쳐 차차 처분되는 게 수순이다. 하지만 만약에 같은 기간 동안 이런 박테리아 중 한 마리의 유전자 카피 하나에만 또 다른 무작위 돌연변이가 일어난다고 쳐보자. 이런 돌연변이는 때때로 새로운 능력을 개체에 선사한다. 가령, 전혀 다른 기질에 작동하는 새로운 효소를 이 변이 유전자가 합성하는 것처럼 말이다. 이때 변화가 일어나지 않은 나머지 카피는 여전히 기존의 임무를 충실히 수행할 것이다. 물론 새 효소가 아무짝에도 쓸모없을 수 있다. 그럴 땐 이번 변이 유전자 역시 시간이 흐르면서 서서히 소멸되는 운명을 맞을 것이다. 그러나 새 효소 기능이 개체에 새로운 기회를 열어줄 가능성도 충분히 있다. 그런 효소는 보존되고 독자적인 선택압 아래에서 계속 발전해 나간다.

이와 같은 변천 과정은 옛 효소를 그대로 사용하면서 새 효소를 추가해가는 진화의 한 방식이다. 하이드록시산 탈수소효소나 키모트립신 같은 효소군도, 다른 세린 프로테이나아제들도 바로 이렇게 탄생했다.

대사 경로는 어떻게 생겨났을까

지금까지는 효소군의 발생 과정을 얘기했고, 이제는 이번 장을 열면서 던졌던 물음 중 대사 경로가 어떻게 나왔는지에 대한 답을 찾을 차례다. 지구의 원시 생태계에 관한 대부분의 가설은 최초의 생명이 산소가 전혀, 혹은 거의 없는 환경에서 탄생했고 그런 조건이야말로 생명의 기본 재료가 저절로 합성되기에 유리했을 것이라고 상정한다. 과학자들은 당시의 지구 환경을 재현해 관찰자인 실험자를 제외한 어떤 생체활동도 없는 상태에서 아미노산과 유전물질 재료(DNA와 RNA)가 생성된다는 걸 증명하겠다고 너도나도 도전했다. 이것이 '원시 수프'라는 개념이 등장하게 된 배경이다.

원시 수프 가설에 따르면 원시 생명의 탄생이 아마도 이미 다 만들어져 있는 재료들을 주워 담아 뚝딱 완성되는 식이었을 거라고 한다. 즉, 핵심 부품을 직접 만들 복잡한 대사경로가 별로 필요하지 않았으리라는 얘기다. 아직 유전자의 실체도 불분명하고 유전자와 효소의 1 대 1 관계가 막 드러났던 무렵인 1945년, 여기에 주목한 노먼 호로비츠Norman Horowitz는 대사경로의 진화 가설 하나를 제안한다. 요지는 생합성 경로가 거꾸로 진화한 게 틀림없다는 것이었다. 쉽게 설명하면, 이렇다. 원시 수프 안의 핵심성분 Z가 소진된다. 그러자 아직 양이 넉넉하면서 Z와 유사한 물질 Y를 가지고 Z를 만드는 효소가 생겨난다. 그러다 시간이 흐르면서 Y도 점점 바닥을 드러낸다. 자연히 X로 Y를 합성하는 또 다른 효소를 만들라는 진화압이 커지고 계속 같은 식으로 진행된다. 이른바 역진화逆進化, retroevolution 가설이다. 이 가설의 압권은 Y를 Z로 변환하는 효소도, X를 Y로 변환하는 효소도 Y를 인식할 수 있어야 하고, 그런 까닭에 진화가 적당히 부린 잔재주의 도움하에 어느 하나가 다른 하나의 전구체 역할을 한다는 논리에 있었다. 호로비츠는 경로 내의 모든 효소가 공통 맥락으로 연결되고 특히 붙어 있는 두 반응의 효소들끼리는 더욱 비슷할 거라고 추측했다. 가설이 나온 지 75년 뒤, 효소학 지식의 상당 부분이 베일을 벗은 오늘날에는 가설 앞부분 내용이 거의 정확히 들어맞았다는 게 기정사실이다. 다만, 경로 내에서 순서가 붙은 효소끼리 특히 닮았다는 주장은 수긍하기가 어렵다. 화학반응의 성질은 앞뒤에 어떤 단계가 오든 다 제각각이기 때문이다. 새로운 효소가 합류하는 것은 한 경로 안에서 순차적으로 일어나는 게 아니라 평행한 여러 경로에 동시적으로 일어나는 사건이다. 서로 다른 대사경로에 속하는 젖산 탈수소효소와 말산 탈수소효소가 그 예다. 진화는 늘 화학반응의 본질을 뒤엎지 않고도 기질 특이성을 입맛에 맞게 손보는 지름길을 찾아낸다. 자각하는 이는 거의 없지만, 사실 우리는 최근 수십 년 동안 이것이 실제 상황임을 증명하는 실험을 해오고 있었다. 바로 항생제를 통해서다. 인류가 항생제를 내세워 끊임없이 도전을 해왔지만 박테리아는 이미 보유한 효소 소장품들 중에서 적당한 것을 이리저리 응용하는 뛰어난 적응력으로 분자 수준의 위기를 번번이 이겨낸다(이에 관해서는 7장을 참고하라).

더 거슬러 올라가면

이런 이야기를 들으면 생체분자 진화사의 중차대한 한 페이지가 눈앞에 선명하게 그려지는 것도 같다. 하지만 더 거슬러 올라가 생명의 기원을 직시하면 여전히 거대한 수수께끼 하나가 남는다. 우리는 아미노산 서열 정보가 암호화되어 저장된 DNA의 지시 없이는 단백질을 만들 수 없고 당연히 효소도 합성할 수 없다. 그런 점에서는 핵산은 '닭'이고 단백질은 닭이 낳은 '달걀'이라는 쪽으로 마음이 기운다. 그런데 DNA가 RNA '메시지'로 전사되고 이 메시지가 다시 단백질로 번역되는 과정에서 모든 단계 하나하나가 경이로운 정확도(즉, 제로에 가까운 오류율)를 가진 전담 효소의 활약으로 일어난다는 사실을 생각하면 단백질이 앞에 오는 반대 순서가 맞는 것도 같다. 과연 어느 쪽이 옳은 걸까? 둘은 서로에게 꼭 필요한 요소이기에 이 문제는 오랜 세월 풀리지 않는 수수께끼였다. 일단, 단백질은 강력한 촉매작용을 허락하지만 유연한 정보 저장소는 되지 못한다. 반면, 유전암호를 쓰는 핵산은 정보 저장소로 딱인 데다가 복제의 주형 역할로 이보다 이상적일 수 없다. 하지만 핵산에는 융통성 있는 촉매작용을 가능케 할 구조적 다양성이 없다. 마침내 돌파구가 뚫린 것은 세포소기관 리보솜의 구체적인 연구 자료가 나오면서부터였다. 단백질 합성 공정의 실질적 일꾼인 리보솜은 단백질과 RNA로 구성되는데, 이 RNA는 G, C, A, U라는 기본 재료 염기 4종은 물론이고 다른 종류의 염기 또한 다양하게 갖추고 있다. 그뿐 아니라 이들 RNA 분자 중 일부는 스스로 촉매로도 작용한다. 이런 배경하에서 리보자임ribozyme이라는 신개념이 등장하게 되었고 RNA 촉매반응을 분리 규명한 두 미국인 과학자 토머스 체크Thomas Cech와 시드니 알트먼Sidney Altman은 1989년에 노벨 화학상을 받았다. 이쯤 되면 모든 효소가 단백질이라는 건 더 말하지 않아도 다들 기억할 것이다. 이 사실은 우리에게 새로운 궁금증을 안기지만 수수께끼를 풀 실마리도 함께 준다. 효소학은 지구상에 생명이 갓 출현했을 당시 원시 RNA 세상의 모습을 우리 앞에 점점 더 선명하게 드러내고 있다. 그 틈새로 엿보이는 광경으로 미루어 볼 때 아무래도 효소는 닭보다는 달걀이 아닐까 싶다.

7

효소와 병

의학에서 효소는 무엇일까

의학과 관련해서는 효소를 두 방향에서 살펴보아야 한다. 효소는 문제를 일으킬 수도 있고 문제의 해결책이 될 수도 있기 때문이다. 우선, 효소에 문제가 생기면 무슨 일이 일어날까? 앞서 얘기한 것처럼 우리 몸은 수백 가지 효소의 도움을 받아 원활하게 굴러간다. 효소는 하나하나가 복잡한 분자기계다. 그런 까닭에 평범한 기계들이 그렇듯 효소에 이런저런 고장이 나면 가볍거나 무거운 건강 이상 증세가 뒤따르곤 한다. 그런 한편, 멀쩡하게 작동하는 효소를 사람이 일부러 억누르는 상황도 있다. 다양한 약이 바로 이런 방식으로 체내에서 약효를 발휘한다. 사람의 것이든 다른 데서 유래했든, 효소는 오늘날 진단 시약이나

치료제로 널리 활용되고 있다.

진단도구로 쓰이는 효소

효소는 고순도로 분리되기 때문에 진단도구로 사용될 수 있다. 의사가 혈액 샘플이나 소변 샘플을 보내면서 검사를 의뢰한다. 그러면 화학병리학 실험실에서는 효소를 이용해 콜레스테롤, 요소, 글루코오스 같은 대표 검사항목을 정확하고 특이적으로 측정한다. 비슷하게 가정이나 실외에서 당뇨병 환자가 간단한 장비로 직접 혈당을 측정하는 것이나 휴대용 알코올 측정기로 음주운전 단속이 가능한 것 역시 정제된 효소 덕분이다.

효소는 또 다른 맥락에서도 진단의 기준이 된다. 사람 몸의 장기들에는 저마다 적정 효소 보유량이 정해져 있다. 그런데 만약 조직 손상이 생기면 세포의 벌어진 틈새에서 효소가 혈류로 쏟아져 나오게 된다. 그래서 특유의 효소를 간이나 신장의 손상 혹은 심장마비의 초기 경고로 해석할 수 있다. 이와 같은 지표 효소의 유무를 측정하려면 혈액 샘플을 분석하는 특별한 검사가 필요하며, 효소가 있는 게 확인되는 경우 효소 활성 수치까지 측정한다.

병든 효소

20세기에 막 들어섰을 때, 영국인 의사 아치볼드 개러드Archibald Garrod는 가족끼리만 대물림되는 희귀병에 관심을 갖기 시작했다. 그중 하나인 **알캅톤뇨**alkaptonuria는 신생아의 소변을 검게 변하게 하는 병이다. 개러드는 이런 아기의 소변에 호모겐티신산homogentisic acid이 다량 존재한다는 것을 알아냈다(그림 45). 호모겐티신산이 공기 중의 산소와 만나 반응하는 까닭에 소변이 검어진 것이었다. 호모겐티신산은 건강한 아기의 몸에서도 만들어지는 물질이다. 음식의 단백질 성분에서 나오는 아미노산 페닐알라닌이 분해되는 중간 과정에 바로 이 물질이 생성된다. 그런데 알캅톤뇨가 있는 경우 분해 과정 중 호모겐티신산 단계를 촉매하는 효소가 제 기능을 하지 못한다. 그런 까닭에 댐으로 막힌 저수지처럼 호모겐티신산이 점점 축적된다. 개러드는 알캅톤뇨와 유사 질환들을 묶어 '**선천적 대사 오류**inborn errors of metabolism'라 명명했다. 이 문제들이 유전병이라는 그의 추측은 정확했다. 그는 이 병들이 **열성유전규칙**recessive inheritance을 따른다는 사실도 간파했는데, 열성유전이란 양친 모두에게서 '나쁜' 유전자를 물려받아야만 병이 발현되는 것을 말한다(당연히, 이런 유전병은 근친결혼을 권장하는 사회에서 훨씬 흔하다). 그뿐 아니라 개러드는 유전적 특질의 실체가 효소 활성이 있는지 없는지의 차이일 거라고 생각했다. 효소와 유전자에 관한 지식이 전무하다시피 했던 당시 실정을 감안하면 대단한 선견지명이었다.

대사경로가 중간에서 막혀 그 뒤로 줄줄이 정체되는 것은 전형적인 패턴이며 알캅톤뇨는 그 대표적인 사례다. 이런 경우 원래 정상적으로 존재하는 대사체가 혈액, 소변, 기타 체액들에서 몹시 비정상적인 농도로 검출된다. 때로는 축적된 물질이 다른 대사경로나 반응에 유입돼 아예 비정상적인 대사체가 생성되기도 한다. 이 지경에 이르면 우리 몸은 다양한 해독반응을 작동시킨다. 평소에도 체내에 침입한 이물질을 처분해 독성을 중화하고 배설되기 쉽게 만들 때 활용되는 기전들이다. 결국, 이런 유전

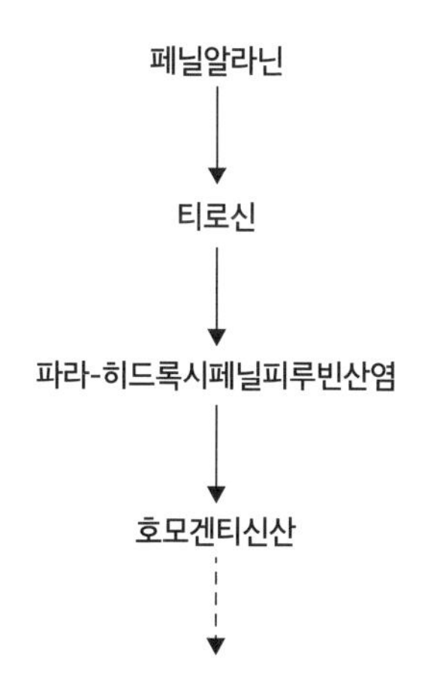

그림 45 페닐알라닌 분해 과정 초기의 효소 작용 단계들

병들은 저마다 독자적인 비정상 대사체 패턴을 나타내게 된다. 그리고 우리는 그런 물질을 어렵지 않게 감지해 진단에 활용할 수 있다.

페닐알라닌 대사에 문제가 생겨 발생하는 또 다른 병으로 페닐케톤뇨PKU, phenylketonuria가 있다. 1934년에 아스비에른 푈링Asbjørn Følling이 최초로 보고한 페닐케톤뇨는 알캅톤뇨보다 훨씬 흔하고, 발병해도 크게 티가 나지 않는다. 하지만 모르고 계속 방치하면 장기적으로 심각한 영향을 줄 수 있다. 페닐알라닌 수산화효소phenylalanine hydroxylase(페닐알라닌 하이드록실라아제)는 페닐알라닌 분해의 첫 단계를 촉매하는 효소인데(그림 45), 이 효소의 유전자에 돌연변이가 있을 때 페닐케톤뇨가 발병한다. 서서히 존재감을 드러내는 이 유전병은 백이면 백 지적장애를 불러오기에, 어떤 나라에서는 정신병원 수용자 상당수가 실은 페닐케톤뇨 환자라는 사실이 뒤늦게 드러나기도 했다. 단백질 섭취를 제한하면 뇌 손상을 어느 정도 약화시킬 수 있지만, 치료를 적시에 시작하기 위해서는 무엇보다 조기 진단이 필수다. 진단의 중요성이 1960년대에 널리 인식된 데에는 미국인 생화학자 로버트 거스리Robert Guthrie의 공이 크다. 그가 이 연구에 뛰어든 것은 지적장애를 안고 태어난 아들과 조카딸 때문이었다. 그는 신생아의 발뒤꿈치에서 얻은 피 한 방울로 끝내는 간단한 검사법을 개발했는데, 이 검사로 페닐알라닌 과잉 여부

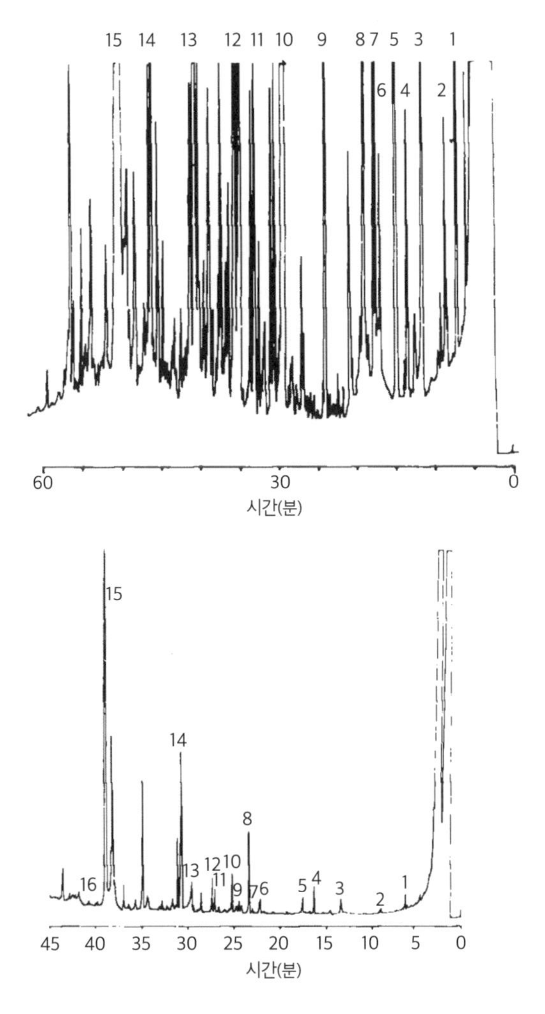

그림 46 진단검사로 사용된 기체 크로마토그래피. 각 '피크'는 질량분광분석을 통해 식별되는 서로 다른 물질을 가리킨다. 그림은 지방 산화 유전자에 이상이 있는 어린이의 소변을 분석한 것인데, 상단 그래프에서는 입원 당시 환아의 여러 대사체 수치가 비정상임을 알 수 있고 하단 그래프에서는 식단 관리 후 호전된 상태가 확인된다.

를 알아내면 돌이킬 수 없는 손상을 입기 전에 일찌감치 식이조절을 시작할 수 있다(다행히 출생 직전까지는 엄마의 효소가 아기를 보호하므로 자궁 안에서는 상태 악화를 염려하지 않아도 된다).

이 경험이 발단이 되어 오늘날 모든 산부인과의 필수 통과의례로 자리 잡은 산전검사에서는 페닐케톤뇨를 비롯해 여러 가지 유전질환을 미리 찾아낸다. 검사 범위와 감도 역시 수십 년 전부터 발전에 발전을 거듭하는 중이다. 가장 보편적인 방식은 비정상 대사체를 잡아내는 것이지만(그림 46) 효소 활성을 직접적으로 측정하거나 단백질 자체를 감지하는 전략도 있다. 특히, 최근에 나온 DNA 분석법은 실존하는 돌연변이를 수색해 유전자 수준의 결함을 진단하는 것까지 가능하다.

이와 같은 의과학 기술 발전은 유전자 가계도를 그릴 때 그저 효소 활성의 유무로만 나누는 구식 이분법이 지나친 단순화임을 여실히 드러낸다. 아미노산 종류가 바뀌는 돌연변이가 일어날 수 있는 자리는 평범한 효소 단백질에도 수백 군데는 된다. 다행히 그런 아미노산 변화 다수는 전혀 해롭지 않다. 하지만 촉매작용의 핵심 화학물질을 사라지게 하거나 단백질이 활성 형태로 정확하게 접히지 못하도록 방해하는 아미노산 변화 역시 만만찮게 흔하다. 그런 까닭에 세계적으로 수천 명씩 페닐케톤뇨 같은 유전병에 걸리고 DNA 검사에서 원인 돌연변이가 다양하게 드러나는 것이다. 이런 돌연변이들을 지도에 표시해 분석할 수도 있는데, 그 지리학적 분포 패턴은 인간 집단의 이동 경로를 추적할 수 있는 단서를 제공한다. 또한, 돌연변이의 정체를 정확하게 규명하는 것 역시 임상적 의의가 큰 작업이다. 어떤 돌연변이는 효소를 완전히 없애지 않고 최소한도의 활성을 남겨두기에 개체에 해를 덜 끼치기도 하기 때문이다.

새로운 곳에서 지식을 탐구하다 보면 필연적으로 어려운 선택의 기로에 서고 반드시 윤리적 고민에 맞닥뜨린다. 신생아에게뿐만 아니라 임신 초기 태아에게도 적용 가능한 진단검사법이 그런 예다. 지역에 따라 검사 결과를 보고 중절수술을 법적으로 허용하기도 하는 것이다. 그럼에도 유전학에 기반을 둔 진단기술이 믿을 수 있는 유전학 카운슬링과 효과적인 치료라는 신세계로 가는 문을 연 것만은 분명하다.

영아돌연사증후군과 자메이카구토병 그리고 효소

효소 결함 중에는 처음부터 존재감을 드러내는 것도 있고 존재하는지도 모르게 있다가 한순간에 사람을 덮치는 것도 있다. 아기가 자다가 급사하는 '요람사' 뉴스는 언론이 잊을 만하면 꼭 한 번씩 재탕하는 레퍼토리다. 부모 진술은 비슷비슷하다. 재울 때까지 건강하고 멀쩡하던 아이가 아침에 보니 침대 위에서 숨을 안 쉬더라는 것이다. 의료계는 이런 유의 비극적 사례들을 총칭해 영아돌연사증후군SIDS, Sudden Infant Death Syndrome이라 부른다. 뭔가 있어 보이지만 사실 의사도 아는 게 없다는 걸 돌려 말하는 허울 좋은 이 용어는 영아돌연사증후군이 단순한 하나의 병이라는 인상을 준다. 하지만 영아돌연사증후군은 다양한 원인에 의해 나타나는 동일한 결과를 가리키며, 그나마 1980년대에 지방을 처리하는 효소의 선천적 결함이 하나의 원인으로 지목됐다. 지방을 에너지원으로 쓰려면 탄소 16개 혹은 18개짜리 지방산fatty acid 분자를 탄소 2개짜리로 잘게 쪼개는 작업이 필요하다. 이 과정에서는 탄소 14개, 12개, 10개, 8개짜리 등의 중간체가 만들어진다. 단순하게 반복되는 화학반응이지만 효소 특성상 이렇게 긴 분자를 효소 하나가 혼자 감당하는 건 버거운 일이다. 그래서 장쇄 지방산, 중쇄 지방산, 단쇄 지방산을 처리하는 효소가 따로따로 있어야 한다. 그래도 요람사의 원인이 중쇄 지방산 전담 효소의 이상이라는 걸 생각하면 세 효소의 촉매능 범위가 조금씩 겹치는 게 분명하다. 태어나서 몇 해 동안은 아기가 장쇄 지방산과 단쇄 지방산을 처리하는 효소들만 가지고 그럭저럭 버틸 수 있으니 말이다. 그러다 언젠가 아이가 밥때를 놓쳐 혈당이 떨어지면서 에너지원이 저장된 지방밖에 남지 않는 상황이 닥친다. 이때 고장난 효소는 위기에 대처하지 못하기 때문에 아기가 생사의 기로에 몰리는 것이다.

요람사의 유전적 원인을 알면 자책하는 부모들에게 위안을 줄 수 있고, 유전학 카운슬링의 기회도 제공할 수 있다. 부모가 유전학 카운슬링을 받으면 아직 배 속에 있거나 앞으로 가질 아기에게 있을 위험성을 미리 인지할 수 있다. 페닐케톤뇨와 비슷하게 이 효소 결함은 일찍 진단만 되면 식단 관리로 다스리는 것이 가능하다. 구체적인 방법은 첫째 절대 굶기지 말고, 둘째 고탄수화물, 저지방 식단을 자주 먹이는 것이다(153쪽 그림 46).

요람사한 아이의 부모들은 억장이 무너지는데 자기 자식을 죽였다는 세간의 손가락질까지 받는 일이 허다하다. 불과 몇 년 전 영국에서 일어난, 법정까지 가서 유명해진 실화가 하나 있다. 당시 소위 '전문가'는 한 부부의 아기가 요람에서 자연사할 확률이 8,000분의 1이므로 둘째 아기까지 자연적으로 요람사할 가능성은 6,400만분의 1(8,000분의 1 곱하기 8,000분의 1)이라 진술했고, 결국 두 아이를 잃었던 아기 엄마는 감옥으로 보내졌다. 하지만 전문가는 완전히 잘못 알고 있었다. 첫째 아기의 요람사가 유전적 결함 탓이었다면 그 동생도 같은 유전질환을 앓았을 확률은 4분의 1이기 때문이다. 앞에서도 살짝 언급했는데, 아이가 열성유전되는 병을 안고 태어나면 일반적으로 양친 모두 보인자保因者, carrier라 간주한다. 보인자는 해당 유전자 한 쌍이 '나쁜' 카피 하나와 건강한 카피 하나로 이뤄진 사람을 말한다. 이때 보인자 본인은 완전히 멀쩡해 보이지만 자녀에게는 반반의 확률로 나쁜 카피를 물려주게 된다. 즉 두 보인자가 함께 낳은 아이가 이런 유전병에 걸릴 확률은 4분의 1이 되고, 아이 역시 보인자일 확률은 2분의 1이 되는 것이다.

지방산 산화효소가 어린이에게 반드시 필요하다는 사실을 강조하는 또 다른 사례는 서인도제도에서 발견됐다. 특산물인 염장한 대구와 아키 열매(무환자나무과의 아키나무에서 열리는 붉은색 열매. 독성이 있다—옮긴이)는 어느 노래의 주제가 되었을 정도로 유명하다. 이 열매를 1793년에 서아프리카에서 이 지역으로 들여온 것은 바운티호의 반란(1789년 영국 군함 바운티호의 선상 반란에서 탈출한 블라이 함장이 1년이 걸려 고국에 무사 귀환한 후 반란자들을 심판한 사건. 여러 차례 영화화됐다—옮긴이)으로 유명한 윌리엄 블라이William Bligh였다. 아키 열매는 아이들이 앞다투어 나무에 올라가 따먹을 정도로 맛이 좋지만 그것이 불행의 씨앗이 되고 말았다. 설익은 열매에는 희귀 아미노산인 하이포글리신 A(hypoglycin A)의 농도가 높은데, 이 물질이 강력한 혈당 강하 효과를 지니고 있었던 것이다. 이것은 오늘날 밝혀져 있는 치사합성lethal synthesis(생체 내에서 합성된 단백질 혹은 합성 과정 때문에 세포나 개체가 죽는 현상—옮긴이)의 대표 사례 중 하나다. 하이포글리신 A는 언뜻 크기와 모양이, 보통 아미노산인 류신과 흡사하기에 일반적인 단백질 분해 경로에서 류신처럼 받아들여진다. 그런 다음 몇 단계를 거쳐 중간쯤에서 반응성이 몹시 큰 대사체가 만들어지고 이것이 지방산 산화효소 중 하나를 비가역적으로 차단한다. 그 결과로 단쇄 지방산이 더 이상 처리되지 못해 혈당이 뚝 떨어지는 것이다. 이처럼 효소가 위험한 기질을 처분하려다가 촉매작용 중에 효소 활성을 잃는 것을 자살억제라 하며, 아키 열매의 특정 사례를 임상적으로는 자메이카구토병이라는 병명으로 부른다. 자메이카구토병에 걸린 아이는 목숨을 잃을 수도 있다.

신약개발 타깃이 된 효소

인류 역사를 통틀어 신약 개발은 크게 세 가지 전략으로 이루어져왔다. 가장 오래된 첫 번째 방법은 천연물을 가지고 이런저런 실험을 하는 것이다. 그렇게 독극물과 약효 물질의 효능을 알아내면서 태곳적부터 쌓은 지혜가 상당하다. 화학이나 생화학, 생리학 같은 현대 과학 지식이 전무했음에도 우리 조상들은 뛰어난 치료제들을 성공적으로 만들어냈다. 그러다 근 100년 사이에 이와 같은 전통적인 처방들의 작용 기전이 하나둘 밝혀지기 시작했고 나아가 어떤 민간요법은 개량되어 현대적인 모습으로 거듭나기도 한다. 두 번째 방법은 19세기 중반부터 비약적으로 일어난 화학 발전 덕에 실현될 수 있었다. 다양한 합성 신물질이 쏟아져 나오면서 화학물질 데이터베이스도 따라서 방대해졌는데, 데이터베이스를 뒤지던 화학자들이 재미는 없더라도 이런 식의 대규모 탐색이 신약 후보 물질을 찾는 데에 엄청나게 효과적이라는 걸 깨달은 것이다. 요즘 제약기업들은 방대한 물질 라이브러리에서 유망한 후보를 거르는 '고속대량' 스크리닝'high-throughput' screening 시스템을 자동화해 갖추고 있을 정도다.

둘 중 어느 방법으로든 개발에 성공해 오늘날 널리 사용되는 의약품 중에는 효소 저해제가 적지 않다. 이는 효소 분자에 결합해 그 작용을 차단하거나 효소 활성을 약화시키는 방법을 사용한다. 이와 같은 현장 경험은 계속 발전 중인 생화학 지식과 결합해 '합리적 신약 디자인rational drug design'이라는 새로운 기회를 열었다. 이 세 번째 전략의 논리는 우리가 효소 타깃과 그 구조를 아는 상태에서 출발하기 때문에 이상적인 신약을 디자인할 수 있다는 것이다.

아스피린aspirin

아스피린의 세계 판매량은 매년 40~50톤에 이른다. 해열진통과 혈액응고 억제 효능이 있는 이 약의 기원은 버드나무 가지나

잎을 빻아 사용하던 수천 년 역사의 민간요법이다. 그러다 19세기 화학자들이 버드나무 추출물을 분석하고는 활성 성분이 단순한 구조의 유기물질인 살리실산이라는 걸 알아냈다. 하지만 쓴맛이 심했기에 독일 염료회사 바이엘Bayer의 펠릭스 호프만Felix Hoffmann이 이 물질을 아세틸살리실산acetylsalicylic acid으로 개량했다. 이것이 아스피린의 탄생이다. 아스피린이 어떻게 약효를 발휘하는지를 런던 왕립외과대학의 존 베인John Vane이 정확히 밝힌 것은 그로부터 70년 뒤의 일이었다. 염증물질 프로스타글란딘prostaglandin 계열의 합성반응 경로 안에는 고리산소화효소cyclooxygenase(사이클로옥시게나아제)가 촉매하는 핵심 단계가 있는데, 바로 이 효소를 아스피린이 억제한다. 억제 효과의 비밀은 아세틸기를 옮겨 효소의 활성 부위를 막는 것이다. 호프만은 아주 우연하게 우리 몸이 효소 저해제를 만들어내는 것과 똑같은 방식으로 살리실산을 손본 셈이다.

와파린warfarin

미국의 대공황기에 가난에 허덕이던 농부들은 곰팡이 핀 건초를 사료로 쓸 수밖에 없었다. 그런데 가축들이 내출혈로 줄줄이 쓰러지는 사태가 발생했다. 조사 결과, 썩은 클로버 잎에 들어

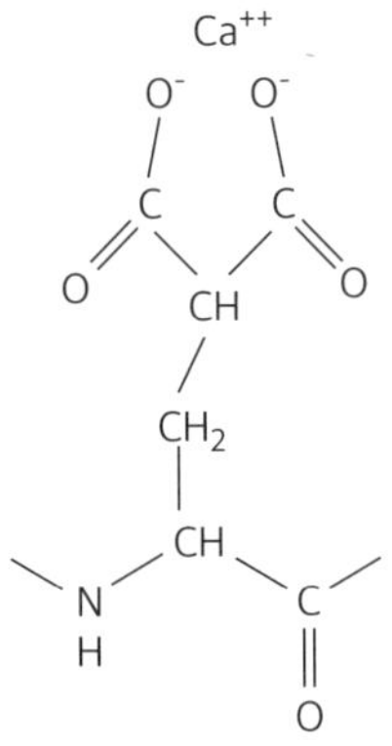

그림 47 감마-카르복시글루탐산. 혈액응고 단백질 같은 효소 단백질의 글루타메이트 곁사슬에 카르복실 첨가반응이 일어나면 칼슘 이온(Ca^{++})을 꽉 물 수 있는 이중 카르복실산염dicarboxylate '집게발'이 생긴다.

있던 **디쿠마롤**dicoumarol 성분이 문제였다. 디쿠마롤은 체내에서 비타민 K 억제물질로 작용한다. 원래 비타민 K는 혈액응고 과정의 여러 단계에서 프로테이나아제들을 딱 알맞게 조율해 최적의 효소 활성을 발휘하게 하는 데에 꼭 필요한 영양소다(5장을 참고하라). 비타민 K가 CO_2를 특정 글루탐산 곁사슬에 끼워 넣으면 카르복실기(COO^-)가 하나 더 생겨 효소가 튼튼한 집게발을 갖게 된다. 프로테이나아제 활성화를 위해서는 이 집게발로 칼슘 이온을 단단히 붙들어두는 게 매우 중요하다(그림 47). 나중에 연구를 통해 같은 방식으로 트롬빈 활성화를 조절하는 합성물질이 추가로 개발됐다. 그중 하나가 바로 와파린이다. 쥐약으로 더 유명한 와파린은 독한 살충제로 자주 쓰이지만, 용량을 낮춰 신중하게 사용하면 고령 환자의 혈전 생성을 예방하는 치료제로 탈바꿈한다.

페니실린penicillin

인류 역사에서 중요했던 약물로 체내에 침입한 유해 미생물을 죽이는 항생제를 빼놓을 수 없다. 만약 어떤 항생제가 효소 저해제라면 이론적으로 그 약은 병원균에는 있지만 인체에는 없는 효소를 억제해야 마땅하다. 그리고 페니실린이 정확히 그런 경우였다. 1928년에 이루어진 알렉산더 플레밍Alexander Fleming의 우연한 발견 이후, 하워드 플로리Howard Florey와 언스트 체인Ernst Chain은 페니실리움Penicillium 곰팡이를 가지고 페니실린을 합성하는 데 성공했다. 페니실린은 박테리아가 튼튼한 세포벽을 쌓을 때 필요한 효소 반응을 방해해 균을 죽인다. 반면에 인체세포는 그만큼 단단한 세포벽이 필요하지 않기 때문에 이 약의 영향을 받지 않는다.

이 '마법의 약'은 제2차 세계대전 동안 수많은 병사의 목숨을 구했고, 개발의 주역인 세 과학자는 1945년 노벨상 수상의 영예를 안았다. 하지만 곧 항생제의 미래에 먹구름을 드리우는 사건이 일어난다. 진화한 박테리아가 페니실린 분자를 공격해 무력하게 만드는 베타-락타마아제β-lactamase라는 효소를 스스로 만들어 방어하기 시작한 것이다. 새로운 항생제를 개발하면 박테리아는 또 베타-락타마아제처럼 거기에 대항하는 효소를 족족 만들어냈다. 퇴치된 줄 알았던 결핵 같은 병이 다시 고개를 든 배경에는 이런 약제내성藥劑耐性, drug resistance 현상이 있었다. 약제내성 역시 자연이 보유한 힘과 융통성에서 비롯된 결과라 어쩔 도리가 없다는 사실이 안타까울 뿐이다.

캡토프릴captopril

오늘날 치료제로 널리 사용되는 약물 계열 중에 'ACE 저해제'라는 게 있다. 여기서 ACE는 안지오텐신 전환효소angiotensin converting enzyme를 뜻하는데, 인체 내에서 혈압을 조절하는 천연 펩티드 분자가 합성되는 과정 중에 전환 단계에서 이 효소가 작용해 펩티드결합을 자른다(5장을 참고하라). 즉, ACE 저해제는 이 단계가 진행되지 못하게 해 혈관 이완을 유도하고 혈압을 낮춘다. 캡토프릴은 ACE 저해제 계열 안에서 상품화된 최초의 약물로, 본격적인 합성 신약designer drug의 첫 사례로도 자주 회자된다. 이 약이 세상에 나온 데에는 뜻밖에도 한 브라질 부족의 공이 컸다. 원주민들이 화살촉 끝에 바르던 살무사독의 펩티드 성분이 알고 보니 ACE 저해제였던 것이다. 이 사실을 출발점 삼아 분자 모델링이 시작됐고, 마침내 ACE의 활성 부위에 폭 들어앉아 효소의 작용을 막는 완벽한 합성 신약이 탄생하게 됐다.

한두 번 들은 소리가 아닐 테지만, 같은 물질도 어떤 용법과 용량으로 사용하느냐에 따라 약이 될 수도 독이 될 수도 있음을 잊지 말자.

HIV, 코로나바이러스 등의 바이러스 감염

1980년대 초, 성관계를 통해 퍼지는 무시무시한 전염병이 지구촌 젊은이들을 죽음의 공포로 몰아넣었다. 에이즈AIDS였다. 후천성면역결핍증후군acquired immunodeficiency syndrome이라는 풀어 쓴 이름을 들으면 에이즈가 인체의 정상적인 면역반응 기전을 무력화해 사람을 작은 감염에도 무너뜨리는 병임을 바로 알 수 있다. 밝혀진 바에 따르면 에이즈를 일으키는 것은 정확히는 사람면역결핍바이러스HIV, human immunodeficiency virus라는 바이러스다. 젊은 생명이 줄줄이 꺼져가는 사태는 위기를 느낀 국제사회로 하여금 HIV 퇴치 무기 개발을 위해 단결하게 만들었고 국제협력은 머지않아 가시적인 성과로 이어졌다. 지금 더 이상 HIV 양성 진단을 곧 사망선고라 여기지 않게 된 게 다그 덕이다. 초창기의 에이즈 치료제 개발은 바이러스의 핵산 생성에 관여하는 RNA 중합효소를 직접적으로 억제하는 효과에 중점을 두고 추진됐었다. 그러다 1989년에 이르러 오늘날 칵테일 요법에 꼭 들어가는 약제 계열의 탄생을 앞당긴 결정적인 전환점이 찾아왔다. 바로 HIV 프로테이나아제의 구조가 밝혀진 것이다. 어느 바이러스나 그렇듯, 증식하고 세포에서 세포로 옮겨 다녀야 삶을 부지할 수 있는 HIV는 새로 복제한 바이러스 유전물질을 자신의 외피를 이루는 단백질 하나하나에 안전하게 넣어둔다. HIV의 외피는 마치 초미니 레고 블록처럼 똑같이 생긴 분자를 차곡차곡 쌓은 구조로 되어 있는데, 이 건축자재 분자를 제작할 때는 단백질을 딱 적당한 크기로 자르는 것이 핵심이다. 그래서 HIV는 재단 작업에 독자적인 프로테이나아제를 사용한다. 즉, 이 프로테이나아제의 구조를 푼다는 것은 곧 HIV를 확실하게 억누를 약효 물질을 설계할 수 있다는 뜻이었다. 현재 HIV의 활동을 효과적으로 방해하는 다양한 치료제가 나와 있는 배경에는 이런 사연이 있다.

바이러스는 이후로도 여러 차례 지구촌을 강타했다. 처음엔 에볼라 바이러스였고 뒤이어 코로나바이러스 계열들이 줄줄이 등장해 사스SARS, 메르스MERS 등을 전 세계에 퍼뜨렸다. 가장 최근의 코로나바이러스감염증-19(COVID-19) 역시 사스-코로나바이러스-2(SARS-CoV-2)가 일으킨 전염병이다. 각국 과학계는 이번에도 행동에 나섰다. 백신 개발에서는 예외지만, 신기한 점 하나는 어쩜 이렇게 보건 위기가 터질 때마다 감염된 숙주의 것이든 감염시킨 바이러스의 것이든 매번 효소가 얽히지 않은 경우가 없냐는 것이다. 무슨 얘기냐면, 감염이 일어나기 위해서는 일단 바이러스가 숙주세포에 들어가야 한다. 바이러스의 외피 단백질이 숙주세포 표면에 있는 분자에 유난히 잘 들러붙는 성질을 가지고 있는 것도 그래서다. 코로나바이러스의 경우 이 역할을 하는 외피 단백질을 '스파이크spike 단백질'이라 부른다. 코로나바이러스의 겉면을 뒤덮어 한껏 웅크린 고슴도치처럼 보이게 하는 스파이크 단백질은 ACE2라는 인체 단백질을 표적 삼아 공격한다. ACE2는 인체 혈압조절 시스템의 구성원으로, 세포 표면에 붙고 나서야 활성을 띠기 시작하는 효소다. 그런데 이 ACE2 분자에 스파이크 단백질이 결합하면 ACE2를 내세운 바이러스 세포막이 인체 세포막에 녹아들어 섞인다. 그 결과, 바이러스 물질이 인체 세포 안으로 쏟아져 나오고 숙주 전복 작전이 개시된다.

바이러스에게 점령당한 세포 안에서는 바이러스 RNA에 의해 다양한 단백질이 합성된다. 그 가운데 바이러스 게놈 복사본을 새 바이러스 입자로 완성하기 위해 반드시 필요한 단백질은 RNA 중합효소다(이것은 근본적으로 코로나바이러스가 RNA 바이러스

이기 때문인데, 유전정보를 DNA가 아니라 RNA에 보관하는 바이러스를 이렇게 부른다). 이는 곧 바이러스 효소가 신약 개발의 유망한 타깃이라는 얘기가 된다. 실제로 우리에겐 바이러스 RNA 중합효소를 잡는 전략으로 에볼라 치료제와 HIV 치료제 개발에 성공한 선례가 있고, 최근에는 이 경험을 토대로 부지런히 준비해 이런 약들이 사스-코로나바이러스-2에도 항바이러스 효과를 발휘하는지 평가하는 임상 연구에도 착수했다. 얼마 전에는 에볼라 치료제 렘데시비르가 효과가 있을 것이라는 반가운 소식이 전해지기도 했다. 다른 바이러스들과 비슷하게, 자신의 외피 단백질을 스스로 합성해 가공해야 하는 건 사스-코로나바이러스-2도 마찬가지다. 이때 사용되는 효소는 퓨린furin이라는 고도로 선택적인 프로테이나아제다. 그런데 HIV 프로테이나아제와 달리 퓨린은 치료제 개발의 타깃으로 적당하지 않다. 원래 인체에서 여러 가지 호르몬을 처리하는 일을 하는 효소인 까닭에 퓨린을 억제하면 심각한 부작용이 뒤따를 게 뻔하기 때문이다.

사스-코로나바이러스-2 퇴치를 위해 도모할 만한 또 다른 방안은 믿을 만한 진단검사법을 개발하는 것이다. 그중 몇은 이미 **중합효소연쇄반응**PCR, polymerase chain reaction에 쓰이는 효소를 이용해 바이러스 RNA를 예리하게 감지하는 걸 목표로 삼는다(9장을 참고하라). 그 밖에는 바이러스 단백질을 항체로 감지하는 방식이 있는데, 이때는 효소에 결합한 항체여야 한다는 게 핵심이다. 아무리 결합이 강하고 선택적이어도 무색의 항체 분자는 자신의 존재를 시끌벅적하게 드러내지 않는다. 하지만 항체를 효소(홍당무 페록시다아제horseradish peroxidase가 가장 좋다)에 화학적으로 결합시키면 촉매작용 덕에 항체가 두 눈에 확 들어오는 신호를 아주 짧은 시간 안에 내보낼 수 있게 된다(바이러스 검사에서의 사용 이전에 애초 이 기술은 흔히 줄여서 엘라이자라 부르는 효소결합면역흡착분석ELISA, Enzyme Linked Immunosorbent Assay의 배경 원리여서, 이미 임신 검사를 비롯한 기본 진단검사들에 널리 응용된다).

치료제가 된 효소

선천적인 대사 오류 질환 영역에서는 효소가 치료제로도 변신한다. 일부는 식단 조절로 그럭저럭 억제가 가능하지만, 원인 자체를 바로잡는 것만 한 해결책은 없다. 이 경우처럼 근본적 문제가 유전자에 있을 때 가장 먼저 떠오르는 치료 방법은 유전자요법gene therapy이다. 현재 환자의 세포에 정상 유전자를 심는 기술이 활발히 연구되고 있는데, 아직 완벽한 성공 사례는 없다. 그래서 대안으로 나온 방법이 효소를 직접 공급하는 것이다. 이 치료법은 페닐케톤뇨 등 여러 유전질환 환자들에게 시험 적용을 이미 마쳤거나 임상 테스트가 진행 중이다. 다만, 마음에 걸리는 어려운 고민거리가 몇 가지 있다. 효소를 어디로 어떻게 보내야 할까? 여러 번 주사하면 되나? 공급할 효소가 꼭 사람의 것이어야 할까 아니면 다른 데서 나온 것이어도 괜찮을까? 만약 더 편리하지만 사람이 아닌 출처에서 효소가 만들어진다면 인체 내에서 면역반응을 일으킬 가능성이 다분할 텐데 말이다. 이미 페닐케톤뇨의 치료제로 출시된 효소 중 하나는 페길레이션PEGylation이라는 전략을 통해 이런 면역반응 우려를 피하고 있다. 페길레이션이란 쉽게 말해 외래 단백질을 폴리에틸렌 글리콜PEG, polyethylene glycol이라는 인체에 무해한 '망토'로 덮어 가리는 것이다.

PEG 마법은 특정 백혈병의 치료제로 쓰이는 아스파라지나아제asparaginase에도 적용된다. 아스파라진은 단백질 합성에 필요한 필수 아미노산 스무 종 중 하나지만 암세포는 이 아미노산을 스스로 만들지 못한다. 그런 까닭에 혈관에 떠도는 것들을 건져다 써야 하는데, 아스파라지나아제는 선수를 쳐서 혈중의 아스파라진을 분해해버린다. 암세포가 아스파라진을 길어올리지 못하도록 원천 차단하는 것이다. PEG의 눈가림 효과는 통풍이 발병한 관절에 요산분해효소uricase(우리카아제)를 보낼 때도 잘 먹힌다. 통풍은 녹지 않는 요산이 쌓여 생기는 병이다.

사실, 효소를 혈류에 직접 주사하지만 않는다면 면역거부반응은 큰 걱정거리가 아니다. 따라서 췌장부전 환자는 먹는 캡슐로 트립신과 리파아제를 보충할 수 있고 피부궤양에는 콜라겐분해효소collagenase(콜라게나아제)라는 효소를 직접 바를 수 있다(콜라겐은 교원질膠原質이라고도 한다—옮긴이).

줄여서 tPA라고도 하는 조직 플라스미노겐 활성제는 이 전략이 특히 크게 성공한 실례로 꼽힌다. 5장에서 이미 이야기했듯이 사람 몸에는 혈액응고 메커니즘이 폭주하지 않게 하는 플라스민이라는 효소가 있다. 그럼에도 가끔은 핏속에서 생성된 혈전이 심장(관상동맥혈전증)이나 뇌(뇌졸중)로 가 생명을 위협하곤 한다. 이럴 땐 혈전을 얼마나 빨리 제거하느냐에 따라 극과 극의 결말을 맞을 수 있다. 하지만 tPA가 제제화되면서 여건이 크게 나아졌다. tPA를 주사해 우리 몸이 보유한 항혈전 효소 자체의 방어력을 키우는 게 가능해졌기 때문이다.

효소 접합체와 ADEPT

전통적인 항암치료의 최대 난관 중 하나는 환자가 암보다 치료에 더 큰 거부감을 느낀다는 것이다. 약물이 암세포를 공격하면서 정상 세포들까지 함께 해치기 때문이다. 그런 까닭에 항암치료 개발의 최전선에서는 '~마브mab'로 끝나는 이름을 가진 첨단 약제들이 두각을 드러내고 있다. 마브란 단일클론 항체

monoclonal antibody를 가리킨다. 특히 최근에 주목받는 항암치료제 분자는 절반은 표적 암세포의 표면에 존재하는 특정 단백질에 작용하는 항체로, 나머지 절반은 효소로 이뤄진 것이다(두 단백질의 유전자를 연결시켜도 항체 기능과 효소 기능을 다 하는 하나의 거대분자가 멀쩡하게 만들어진다는, 즉 항체 쪽으로도 효소 쪽으로도 단백질이 여전히 잘 접힌다는 특징을 이용한 신약개발 전략이다). 운반체 분자가 항체 부분의 인도로 목적지에 무사히 닿으면 분자가 통째로 암세포 안에 들어간다. 그러면 화학결합을 통해 항체에 '탄두'처럼 붙어 있던 효소가 암세포에 손상을 입힌다. 이때 세포 내 핵산을 공격하는 어떤 효소도 탄두로 사용될 수 있다. 한편, 항체유도효소 전구약물요법antibody-directed enzyme prodrug therapy, 즉 ADEPT라는 전략도 있다. 아무 작용도 하지 않는 '전구약물前驅藥物, prodrug' 분자가 세포 안에 들어간 다음에 효소의 도움을 받아 강력한 효과를 가진 약물을 풀어놓게 하는 방법이다. 예를 들어, 5장에서 소개한 효소 카르복시펩티다아제는 아미노산에 연결되어 있던 펩티드결합을 끊고 독한 항암성분 '질소 머스터드'를 방출시킨다. 이런 식으로 전통 화학요법제의 고질적 부작용들을 거의 피할 수 있다.

효소는 현대의학과 약리학, 화학병리학에서 중요한 역할을 맡고 있다. 어떨 땐 이야기의 주인공으로 나오고 어떨 땐 도구나 지표 물질로 등장한다. 앞으로 질병의 생화학적 특성이 드러나면 드러날수록 이와 같은 효소의 역할은 점점 더 커질 것이다.

8

도구로 쓰이는 효소

생물학의 울타리 너머

앞에서 살펴본 것처럼, 초창기 연구는 어떤 효소가 무슨 일을 하는지 그리고 그런 효소 작용들이 모여 어떻게 생물학적 목적을 달성하는지를 밝히는 것에 치중됐다. 이때 관건은 각 효소를 순수한 형태로 분리하는 것이었다. 화학자들의 노력으로 실험대 위에서 효소들이 하나 둘 정체를 드러냈고 수백 종의 효소를 목록으로 정리한 화학약품집이 발간됐다. 이 효소들은 연구의 도구로서 형용할 수 없는 가치를 갖고 있었다. 과학자는 한 효소의 기질을 합성하거나 반응산물을 측정할 요량으로 고순도 제품이 나와 있는 다른 효소를 주문해 연구에 응용할 수 있었다. 그렇게 효소는 상품처럼 밀리그램 단위로 사고 팔리기 시작했다. 오늘날 효소의 활약은 실험실 안에서만 이루어지지 않는다. 산업 현장에서는 효소가 톤 단위로 거래되기도 한다.

상용화를 위해 풀어야 하는 숙제들

과거에는 효소를 현실에 널리 활용하기 어렵게 만드는 장해물이 많았다. 첫째, 단백질 정제가 엄청나게 고된 작업이었던 탓에 순도 높은 효소의 가격은 천정부지로 뛸 수밖에 없었다. 요구되는 순도는 용도에 따라 달라지는데, 적당히 거른 효소만으로 충분한 분야도 있긴 있다. 둘째, 3장에서 언급했던 것처럼 일반적으로 효소는 몹시 예민해서 산업용으로 막 다루기에 부적절했다. 다행히 정제 부분은 1960년대부터 꾸준히 이어진 기술 개량으로 형편이 점점 나아졌다. 가령, 크로마토그래피 정제법의 재료들이 좋아져 6~8단계를 거치고도 눈곱만큼 남았던 지난날과 달리 3~4단계 만에 상당량을 확보하는 수준에 오를 수 있었다. 하지만 진정한 도약은 1970년대에 유전자 클로닝이 등장하면서 이루어졌다.

유전자 클로닝은 원본 DNA에서 목표하는 특정 유전자를 잘라낸 뒤(이 조작 역시 효소를 가지고 한다. 9장을 참고하라) 벡터에 끼워 넣는 작업으로 시작된다. 보통 벡터로는 플라스미드plasmid가

애용되는데, 이 동그란 DNA 조각이 숙주인 다른 미생물 안에 들어가 증식하면 미리 끼워놓았던 유전자가 함께 복사되므로 수를 늘릴 수 있다(그림 48). 만약 목적이 단순히 유전자의 DNA 염기서열을 조사하는 것이라면 이렇게 단순한 벡터만으로도 충분하다. 하지만 지금 우리에게 중요한 것은 발현벡터expression vector다. 유전자 번역이 시작되어 효소 단백질이 대량 생산(즉, 유전자가 발현)되려면 먼저 프로모터promoter라는 특별한 스위치가 켜져야 하며, 삽입된 효소 유전자 초입에 이 프로모터가 존재하는 플라스미드를 발현벡터라 부른다. 이때 스위치는 켜는 것은 대개 특정 화학물질이다. 이를 위해서는 먼저, 발현벡터를 침투시킨 건강한 숙주 세포를 영양배지 용액이 들어 있는 플라스크 안에 여러 시간 두어 대량 배양한다. 산업현장에서는 숙주로 효모 같은 진균류를 선호하지만 소규모 실험이라면 대장균이라는 이름으로 더 유명한 에셰리키아 콜리*E. coli, Escherichia coli*를 써도 무방하다. 이제 여기에 스위치 역할을 할 화학물질을 첨가하면 끝이다. 그렇게 단백질 합성이 시작되면 얼마 뒤 빵빵해진 세포가 무거운 몸을 견디지 못하고 알아서 터진다. 이때가 바로 효소를 '수확'할 순간인데, 수율이 높게는 플라스크 안에 존재하는 총 단백질의 절반에 이르기도 한다(그림 49).

오늘날 분자유전학 기업들은 더 똑똑한 발현벡터를 개발해 선보이고 있다. 특정 크로마토그래피 칼럼에 대한 친화도를 향

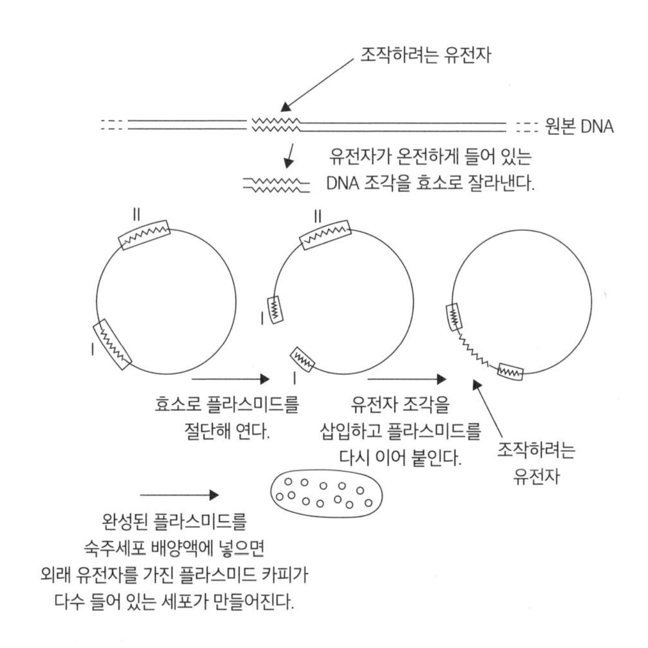

그림 48 유전자 클로닝. 제한효소 하나나 여럿을 사용해서 원본 DNA에서 조작하려는 유전자를 잘라낸다(9장을 참고하라). 동일한 효소(들)로 반지처럼 생긴 플라스미드 벡터 분자를 열고 그 자리에 잘라둔 유전자를 넣은 다음 플라스미드를 다시 이어 붙인다. 그다음 봉합한 플라스미드를 숙주세포에 넣어 복제되게 한다. 일반적으로 플라스미드는 약제내성 유전자를 두 개 이상 갖고 있는데, 이 유전자가 있는 곳을 클로닝할 자리로 삼는다(이 그림에서는 I과 II). 복제된 유전자가 들어 있는 세포는 약물 II에 내성이 있겠지만 약제 I에는 속수무책으로 당할 것이다. 약제 I에 대해 내성을 지니고 있는 유전자가 끊겼기 때문이다. 이 특징을 이용해 목표한 유전자의 사본을 제대로 갖고 있는 세포를 골라낼 수 있다.

상시키고자 효소 끝에 달 단백질 꼬리표의 DNA 염기서열을 추가한 것 등 종류도 다양하다. 그런 꼬리표 중 하나가 스트렙타아비딘streptavidin이다. 박테리아 단백질인 스트렙타아비딘은 비오틴에 단단하게 결합하는 성질이 있다. 이 점을 이용해 단백질 '물고기'를 유인할 낚시 바늘의 미끼처럼 비오틴을 내부에 한가득 고정시킨 채운 칼럼을 크로마토그래피에 사용한다. 이런 식의 전략은 순수한 단백질을 거의 100퍼센트의 수율로 한 방에 얻을 수 있다. 분리가 끝난 단백질의 꼬리표는 보통 프로테이나아제로 떼어낸다.

파손되기 쉽다는 두 번째 약점의 경우, 그 문제가 불거진 건 그동안의 연구가 평소 포유류 몸 안에 서식하는 대장균 같은 미생물과 사람 혹은 사람과 가까운 동물종의 효소에만 과도하게 편중됐기 때문이었다. 다시 말해, 오랜 세월 학계의 시야가 섭씨 37도 정도의 온도에서 작동하고 더 고온에서는 안정할 필요가 없도록 진화한 효소들의 울타리를 벗어나지 못했던 것이다.

그러다 1960년대부터 과학자들은 염도가 높거나 강산성이거나 강알칼리성이거나 몹시 춥거나 더운 곳 등등 극한의 환경에서 살아가는 극한미생물extremophile로 관심 범위를 넓히기 시작했다. 특히 연구가 활발한 소재는 해저 열수공에 서식하는 미생물이다. 깊은 바닷속 열수공 주변은 높은 수압 때문에 바닷물이 펄펄 끓고 온도가 섭씨 120도를 넘지만, 이 열탕 속에서도 생명을 부지하는 미생물이 존재한다. 그렇다면 분자, 핵산, 단백질 등 이 미생물 몸속에 들어 있는 모든 물질도 똑같은 내열성을

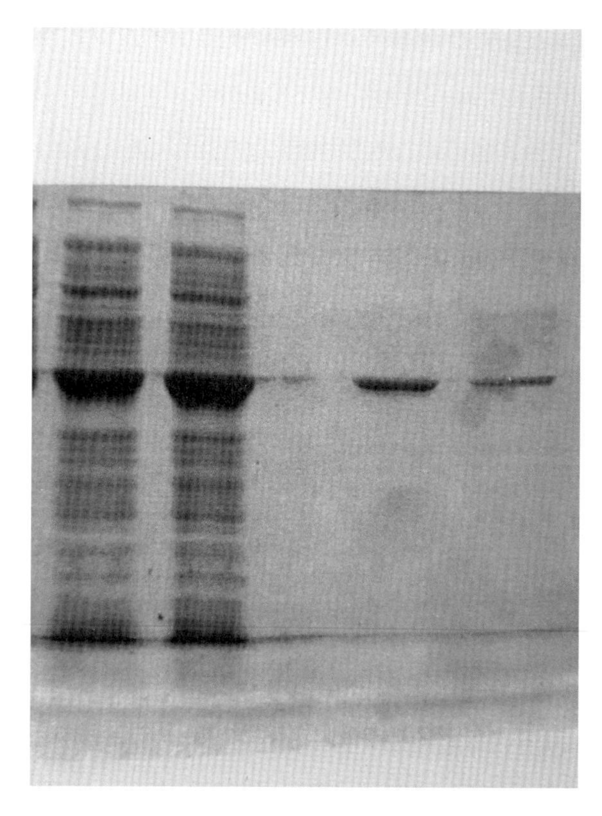

그림 49 과다발현된 복제 효소. 49쪽 그림 12의 전기영동 염색 결과와 흡사하다. 좌측의 두 줄을 보면 대장균 안에서 박테리아 효소가 엄청나게 많이 복제되었음을 알 수 있다. 우측의 두 줄은 정제된 효소의 전기영동 결과다.

갖고 있다는 추론이 자연스럽게 이루어진다. 이게 가능한 건 미생물이 합성하는 특별한 안정화 물질 덕이기도 하지만 가장 큰 공은 체내 미세분자들의 특수 구조에 있다. 아니나 다를까, 고온 미생물로부터 정제해내거나 복제한 효소는 실제로 상상 이상으로 튼튼하고 열에 강한 성질을 보인다고 한다. 그런 까닭에 여러 산업 분야에서 쓰임새가 많을 것으로 기대를 모은다.

현재 효소학자들은 튼튼한 효소를 다량 수확해 산업 현장에 경제성 있게 투입할 날이 머지않았다고 전망하고 있다. 이미 효소 생산을 차기 주력사업으로 정한 대기업도 적지 않다.

세탁을 돕는 효소

효소의 활약이 돋보이는 또 다른 응용 분야로, 빨래용 분말세제나 식기세척기에 넣는 소형 비누 형태 주방세제 등의 세제 시장이 있다. 기본적으로 빨래와 설거지는 비누나 세제로 기름기를 걷어내고 겉에 들러붙은 찌꺼기를 떼어내는 식으로 이루어진다. 그런데 간혹 보통 세제로는 몇 번을 닦아도 안 지워지는 오염이 있다. 이런 경우에는 효소만 한 답이 없다. 제품 포장에 적힌 '생활성 신성분' 혹은 '효소 첨가' 따위의 문구만으로는 효소가 정확히 무슨 작용을 하는지 짐작하기 어렵지만 말이다. 궁금증을 풀어주자면, 음식물 때가 잘 지워지게 하려고 세제에 첨가하는 효소에는 두 가지가 있다. 하나는 단백질 분해효소인 서브틸리신subtilisin(6장을 참고하라)이고 다른 하나는 지방을 물에 잘 녹는 소분자로 분해하는 리파아제다. 단, 조건이 있다. 세제 성분들에는 흔히 단백질 분자의 접힘 구조를 펴는 효능이 있기 때문에 세제 성분으로 들어갈 효소는 그런 화학물질에 파괴되지 않아야 하고 표백제의 공격에도 살아남을 수 있어야 한다. 또, 이젠 효소 덕에 웬만한 것들은 섭시 30도에서 40도의 미온수에서 깔끔하게 씻기긴 하지만 때로는 세제 효소가 고온도 잘 견뎌내야 한다. 참고로, 세탁 과정을 견뎌야 하는 건 옷감도 마찬가지다. 그러므로 단백질 분해효소가 들어 있는 분말세제를 풀기 전에 단백질인 실크나 모직물로 된 옷이 없는지 확인하는 게 좋다.

한편 옷 색깔을 선명하게 만들 목적으로 종종 첨가되는 세 번째 효소가 있는데, 바로 면직물의 주성분인 셀룰로오스cellulose의 분해를 촉매하는 셀룰라아제cellulase다. 부가 설명을 좀 더 하자면, 옷을 입고 빨기를 반복하다 보면 조밀하게 직조됐던 섬유가 늘어지면서 표면에 미세한 솜털이 돋는다. 솜털은 빛을 산란시켜 색이 바랜 것처럼 보이게 만든다. 이때 효소로 솜털을 싹 밀어내면 표면이 매끈한 처음 상태로 돌아가 옷감 색이 새것처럼 쨍쨍해진다. 다만, 세제회사들이 절대 알려주지 않는 한 가지 단점은 옷을 빨면 빨수록 천이 얇아진다는 것이다. 또, 당연한 얘기지만 합성섬유에는 셀룰라아제가 아무 효과도 없다. 생체성분 전혀 없이 완벽하게 인공적으로 만들어진 합성섬유에는 어느 효소 첨가제도 먹히지 않는다.

먹거리를 만드는 효소

치즈를 만들고 숙성시키는 일은 거의 전적으로 효소에 의존한다고 표현해도 과언이 아니다. 전통적으로 치즈 생산 과정은 유청과 커드를 분리하는 것으로 시작된다. 방법은 송아지 위에서 추출한 효소 레닌rennin(키모신chymosin이라고도 한다)을 우유에 넣는 것이다. 최근에는 채식주의자를 위한 레닌의 수요가 늚에 따라 미생물 숙주에 동물 효소 유전자를 발현시키는 클로닝 기법이 도입되기도 했다. 이 경우 대장균처럼 이 바닥에서 유명한 균주라고 다 숙주 미생물이 될 수 있는 건 아니다. 식품 제조 부문에서는 오직 GRAS 인증을 받은 소수의 미생물만 숙주로 쓰는 것이 규정이다. GRAS는 '안전하다고 일반적으로 간주됨Generally Regarded as Safe'의 줄임말이다.

분리된 커드를 가지고는 치즈 숙성 단계에 들어간다. 이때 어느 박테리아 혹은 곰팡이 균주를 발효에 사용하느냐에 따라 치즈의 종류가 달라지게 된다. 숙성에는 보통 여러 달이 걸리는데, 그 과정에서 박테리아 혹은 곰팡이의 프로테이나아제와 펩티다아제에 의해 우유 단백질 카세인casein이 풍미 있는 펩티드로 서서히 분해되면서 치즈의 향미가 점점 살아난다. 오늘날엔 합성 펩티다아제를 첨가해 공정 기간을 단축하는 식으로 대량생산한 저가 치즈 제품도 여럿 나오고 있다.

펙티나아제pectinase는 식품산업을 떠받치는 또 다른 대표 효소다. 갓 내린 과일주스가 식물 세포벽의 탄수화물 성분인 펙틴 때문에 뿌옇고 얼룩덜룩한 걸 본 적 있을 것이다. 펙티나아제는 이 펙틴을 잘게 분해해 주스를 당장 사 마시고 싶다는 생각이 들 정도로 맑고 탐스러운 음료로 변신시킨다. 과일주스 업계에 금손을 보태는 효소로는 글루코오스 옥시다아제glucose oxidase도 있다. 글루코오스 옥시다아제는 주스에 들어 있는 글루코오스가 산소와 쉽게 반응하도록 돕는다. 즉, 이 효소를 첨가하면 혹시라도 아직 주스에 녹아 있을 산소를 모두 없애 밀봉 후 완제품의 저장성을 개선할 수 있다.

윤리적인 문제는 차치하고, 옥수수전분 시럽은 효소 활용의 경제적 중요성을 부각시킨 중요한 사례였다. 지난 1970년대는 북미와 유럽 전역에 곡물이 산처럼 쌓여가던 풍요의 시기다. 하지만 세계 곳곳에서 사람들이 여전히 굶어 죽는데도 수확한 곡식을 단순히 기아 해결에 쓰는 것은 비경제적인 정책으로 여겨졌다. 대신, 각국은 남는 곡물을 실생활에 쓰임새 많은 다른 제품으로 가공하는 방안을 모색했다. 저장형 탄수화물 형태인 전분은 글루코오스 기본단위가 줄줄이 연결된 복합분자이다. 효소 아밀라아제amylase는 이 결합을 깨 글루코오스 하나하나로 떨어뜨리고 전분 가루를 시럽으로 탈바꿈시킨다. 당시 식품업계의 계획은 과자와 빵을 굽고 아이스크림을 만들고 탄산음료를 제조할 때 들어가는 재료로 옥수수 시럽을 파는 것이었다. 그러던 중 또 다른 효소 하나가 사업의 수익성을 배가시킨다는 사실을 알게 됐다. 글루코오스도 단 성분이지만 유사한 탄소 6개짜리 당류인 **프룩토오스**(35쪽 그림 6)의 단맛은 글루코오스의 약 3배에 달한다. 그런데 **글루코오스 이소메라아제**glucose isomerase라는 효소는 글루코오스를 프룩토오스로도 바꾸고 프룩토오스를 글루코오스로 되돌리기도 한다. 이 경우, 둘 중 온전히 어느 한 형태로만 존재하는 게 아니라 두 당류가 섞인 평형이 유지되어 당도가 순수한 글루코오스보다 높아진다. 여기에 온도를 올리면 프룩토오스 비중이 커지는 쪽으로 평형점이 이동하므로 단맛을 더 키울 수 있다. 게다가 따뜻할 땐 시럽이 더 잘 흘러, 붓거나 젓기도 훨씬 쉽다. 그런 까닭에 옥수수 시럽 제조 공정에서는 효소의 열 안정성이 가장 중요한 요소로 꼽힌다.

달게 먹는 식습관을 조장하는 식품 마케팅을 펼치고 프룩토오스가 식품첨가물로 유해할지 모른다는 신빙성 없는 데이터를 퍼뜨리는 등 유럽대륙과 미대륙에서 식품업계가 걸어온 행보는 윤리적 논의를 피할 수 없다. 그동안 기업들은 진정한 유해물질은 지방이라는 악의적인 마케팅과 함께 '지방 0퍼센트'임을 강조하며 자사의 설탕 범벅 제품을 홍보하는 데 열을 올려왔다. 점점 심해진 현대인의 운동 부족과 더불어 그렇게 30년이 흐른 결과는 비만과 당뇨병의 세계적 유행이다. 지금껏 효소는 제 할 일을 썩 잘해왔지만 이번만은 아무래도 아닌 것 같다.

피부, 털, 가죽을 가꾸는 효소

프로테이나아제의 색다른 활약 분야로 제모를 들 수 있다. 천연 윤활제 코팅을 걷어낸 동물의 털은 기본적으로 단백질이고 정확히는 케라틴keratin이라는 특수 단백질로 되어 있다. 5장에서 이야기한 것처럼 프로테이나아제에는 기질 특이성이 있어서, 이 억센 단백질 줄기를 분해하려면 케라티나아제keratinase라는 특별한 효소가 필요하다. 케라티나아제는 특정 박테리아 종에 의해 합성되는데, 털과 마찬가지로 케라틴으로 이뤄진 깃털 조각에서 균을 기르면 케라티나아제 생산량을 최대치로 끌어올릴 수 있다. 케라티나아제의 상업적 용도는 크게 두 가지다. 하나는 제모 크림을 제조할 때 넣는 원료이다. 한편 피혁산업의 경우에는 가죽 제모 목적으로 케라티나아제가 훨씬 대량으로 들어간다. 케라티나아제가 도입되기 전에는 안 그래도 심한 악취로 유명한 무두질 단계에서 독한 화학약품 처리를 거쳐야만 가죽에 남은 털을 제거할 수 있었다.

농축업과 쓰레기 처리를 돕는 효소

앞서 분말세제 이야기에 등장했던 셀룰라아제는 사뭇 거리가 먼 농축업 영역에서도 효자 노릇을 한다. 농부들은 건초를 발효시켜 반추동물 가축에게 겨우내 먹일 **사일리지**silage(양분 손실을 최소화하고 저장성을 높인 발효사료—옮긴이)를 만든다. 이때 건초에 효소를 첨가하면 겹겹의 셀룰로오스 섬유망 구조 탓에 질기디 질긴 세포벽을 효소가 분해해주므로 발효 속도를 높일 수 있다.

한편 인간이 하천과 매립지 등에 쏟아부는 온갖 쓰레기의 양이 엄청나다는 경각심이 날로 커지면서, 버려지는 물건 중 일부는 여전히 자원으로서 잠재적 값어치를 갖는다는 사실에 많은 이가 주목하고 있다. 이에 따라 그런 것들을 발굴해 재활용하자는 움직임이 활발하다. 이때 다음과 같은 효소가 큰 도움을 줄 수 있다:

리그니나아제ligninase. 리그니나아제는 목재나 잘 썩지 않는 여타 농업폐기물의 분해를 촉진하며 제지산업에서 목재펄프를 가공할 때도 사용된다.

리파아제. 리파아제는 식당과 포장음식 판매 매장 등에서 나오는 음식쓰레기 중 지방 성분을 처리해 바이오디젤을 생산하는 데에 사용된다.

현재 특히 관심이 높은 것은 플라스틱 쓰레기다. 놀랍도록 튼튼하다는 점에서 인류의 생활을 편리하게 만들었던 플라스틱은 오늘날 바로 그 성질 때문에 우리에게 재앙으로 되돌아오고 있다. 그래도 희망이 없는 건 아니다. 영원히 안 썩을 것만 같던 이 물질을 분해할 수 있는 효소를 만들어냈고, 이에 따라 플라스틱을 먹고 자라는 박테리아가 발견됐기 때문이다. 다만, 효소를 복제해 대규모로 합성하는 것과 미생물 자체를 활용하는 것 중 어느 쪽이 나은 방법일지는 아직 두고 봐야 할 사안이다.

효소는 화학공업의 주인공이 될 수 있을까

지금까지 소개한 효소 응용 사례들에는 한 가지 공통점이 있다. 효소가 기질을 더 작고 물에 잘 녹는 분자로 분해한다는 것이다. 이것을 **가수분해**加水分解, hydrolysis 반응이라고 하는데, 물질들을 녹이거나 적어도 그 안에서 둥둥 떠다니게 하는 물이 또 다른 기질로 작용해 반응이 일어난다는 뜻이다. 생화학자들은 효소를 화학적 도구로써 보다 적극적으로 활용해 이 반응을 거꾸로 뒤집을 수 있을지 오래전부터 궁금해했다. 다시 말해, 가수분해 반응을 반대 방향으로 일으켜 분해가 아니라 물질을 합성한다는 것이다. 하지만 아직까지는 전반적으로 도전을 권하지 않는 분위기다. 정통 화학자의 눈에 효소를 건드린다는 건 사기나 다름없고 지적 패배를 스스로 인정하는 것과 같았기 때문이다. 게다가 비용 문제와 파괴되기 쉽다는 효소의 약점을 비롯해 지극히 현실적인 근거를 내세운 반대 의견이 만만치 않았다. 무엇보다, 생화학에서는 거의 불가침의 미덕인 효소의 기질 특이성을 일정 조건으로 강제하는 것은 지나친 억지로 여겨졌다. 화학계는 기본적으로 다양한 기질에 널리 작용하면서 유연하게 활약하는 것이 좋은 촉매라는 입장인 탓이다. 평소 화학자는 물에 녹지 않는 물질들을 다룰 때 아세톤, 메탄올, 헥산, 아세토니트릴과 같은 유기용매를 물 대신 활용한다. 많은 응용 분야에서 이것은 일반적으로 수성 환경이었다면 꼭 들어갔을 효소 단계를 배제하는 것으로 여겨지곤 했다. 그런데 미국 메사추세츠 공과대학MIT에서 연구하던 러시아 과학자 알렉산드르 클리바노프Alexander Klibanov가 개중에서도 물과 상극 중 상극인 유기용매에 효소를 넣어 '불가능'에 도전한다. 실험 결과, 헥산처럼 물을 극도로 싫어하는 용매에서는 단백질 분자가 저희끼리 뭉치면서 얇은 수막을 형성하는 현상이 관찰됐다. 이 성질은 적절하게 접힌 단백질 구조를 보존해 유성 환경에서도 효소가 계속 제기능을 하게 한다. 곧이어 결정적인 도약을 이끈 두 번째 희소식은 다시 한 번 극한미생물이 전해왔다. 염분이 매우 높은 환경을 견디는 호염성생물halophile의 효소 역시 유기용매에 강하다는 사실이 알려진 것이다. 현대사회는 호염성생물에 큰 기대를 걸고 있다. 이 미생물의 효소를 활용할 수만 있다면 비용, 효소의 파손성, 용매 내성 문제가 말끔히 해결되기 때문이다. 실제로 현장 도입에 성공한 사례도 이미 여럿 있다.

그러나 산업영역에서 효소의 활용 범위를 본격적으로 넓히기엔 여전히 이르다. 효소의 기질 특이성이 제한적이거나 부적절하다는 선결과제가 떡 버티고 있기 때문이다. 오늘날 화학자들이 이용하는 반응 대부분에 자연은 이미 오래전부터 촉매효소를 제공하고 있었지만, 그런 효소들이 화학자가 딱 원하는 양상으로 기질 분자를 처리해주는 경우는 흔치 않다. 예를 들어보자. 유기합성에서 가장 중요한 한 단계를 꼽으라면 두 분자를 탄소-탄소 결합으로 엮어 커다란 분자 하나로 만드는 반응일 것이다. 5장에서 잠깐 언급했던 알돌라아제(109쪽 그림 34를 참고하라)가 바로 이럴 때 필요한 효소이며 알돌라아제가 촉매하는 반응을 화학에서는 '알돌 축합'이라 부른다. 하지만 목표하는 분자가 확연히 다를 때 당 인산염 한두 종밖에 처리하지 못하는 효소는 화학공업에서 아무런 쓸모가 없다. 한때 이 성질은 극복할 수 없는 효소의 치명적 결함이라 여겨졌다. 다행히 다음 장에서 소개할 분자유전학의 등장으로 조만간 이 고민은 말끔하게 해결될 듯하지만 말이다.

⬡

9

효소와 유전자—새로운 지평

효소를 재단해 맞출 수 있을까

앞서 살펴본 것처럼, 새 DNA를 만드는 생체반응 과정은 G-C가 한 쌍이고 A-T가 한 쌍이라는 규칙을 지켜서 원래 있던 한 가닥을 주형 삼아 새 가닥을 짜는 것이라고 요약할 수 있다. 이 반응은 효소 시약을 더한 시험관 안에서도 일어난다. 특정 구간의 유전자 염기서열과 완벽한 짝을 이루도록 염기 스무 개 남짓의 짧은 길이로 합성한 DNA 조각을 프라이머primer라 한다. 프라이머는 주형 DNA에 안착해 그 길이만큼의 이중나선 DNA 구간을 바로 형성한다. 만약 여기에 DNA의 기본 구성단위인 네 가지 뉴클레오티드와 DNA 중합효소를 첨가하면 프라이머가 만든 짧은 이중나선 DNA 구간을 출발점으로 주형 끝까지 염기

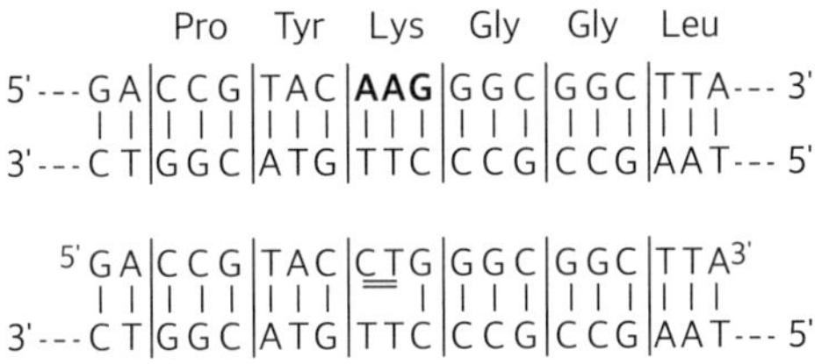

```
            Pro   Tyr   Lys   Gly   Gly   Leu
5'---G A|C C G|T A C|A A G|G G C|G G C|T T A---3'
     | | | | | | | | | | | | | | | | | | | | |
3'---C T|G G C|A T G|T T C|C C G|C C G|A A T---5'

   5' G A|C C G|T A C|C T G|G G C|G G C|T T A 3'
      | | | | | | | | |     | | | | | | | | | |
3'---C T|G G C|A T G|T T C|C C G|C C G|A A T---5'
```

그림 50 미스매치 프라이머 생성. 상단은 염기쌍이 똑바로 맞춰진 박테리아 글루타메이트 탈수소효소 유전자의 이중가닥 분절이다. 코돈을 보면 합성될 아미노산 종류를 짐작할 수 있다. 굵은 글씨는 효소 활성 부위에 있는 리신의 코돈을 강조한 것이다. 한편, 하단의 이중가닥은 효소의 기질 특이성을 바꿀 의도로 합성한 염기 20개짜리 미스매치 프라이머다. 윗가닥의 코돈 AAG를 CTG로 바꿈으로써 아미노산이 양전하를 띤 리신에서 전하가 없는 류신으로 달라졌다.

가 연달아 붙으면서 온전한 이중나선 DNA가 완성된다. 그런데 이 기법이 개발된 초창기에 시스템의 중대한 허점 하나가 발견됐다. 프라이머가 충분히 길고 대부분의 염기쌍이 제대로 짝지어진 경우에는 중간에 잘못 이어진 미스매치 쌍이 한두 개쯤 있어도 모르고 넘어갈 수 있었던 것이다. 가령, 주형에 있는 염기 G의 맞은편에 C가 와야 하는데 A가 들어가는 식이다(그림 50). 만약 이 **변이생성 프라이머**mutagenic primer에 염기가 붙어 전체 길이로 연장되면 변이형 유전자 카피가 만들어진다. 이 원리를 이용해 정확하게 의도한 프라이머를 설계해서 프로그래밍된 자동화 기계로 합성한다면, 유전자 암호 조합으로 나올 수 있는 19가지 가능성 가운데 원하는 돌연변이 하나를 복제된 유전자의 딱 원하는 자리에 심는 게 가능하다. 그뿐만 아니다. 이 가닥이나 반대편 가닥에 미스매치 쌍 여럿을 붙여서 아미노산을 넣거나 뺄 수도 있다. 일명 '자리 지정 돌연변이 유도site-directed mutagenesis'라는 이 기술은 새로운 영역의 문을 열어 오늘날 어엿한 단백질 공학protein engineering으로 고속성장했다.

처음에 사람들은 변이 단백질이 제대로 접히기나 할지 의구심을 가졌다. 그러나 단백질공학은 항상은 아니어도 대체로 괄목할 성과를 냈고 순수과학에 종사하는 많은 연구자에게 든든한 도구로 자리매김했다. 그 기술력은 수술하는 외과의사 손끝 수준의 정밀함으로 단백질 구조 곳곳의 역할 조사가 가능할 정도지만 여기서는 눈앞의 실질적인 의문점에 집중하자. 정말 효소의 기질 특이성을 사람 마음대로 바꿀 수 있을까?

자리 지정 돌연변이 유도

1980년대 초, 효소 활성 부위를 단백질공학 기술로 변형하는 데에 최초로 성공했다는 소식이 두 곳에서 전해졌다. 하나는 영국의 대학 연구소였고 다른 하나는 미국 생명공학 회사였다. 영국의 연구는 케임브리지대학 소속 과학자 셋이 뭉쳐 공동으로 이뤄졌다. 세 사람은 일부러 당장은 쓸모가 전혀 없을 효소를 고르고 단순하게 '활성 부위 조작이 가능한지 확인'하는 걸 연구의 주목적으로 내세웠다. 그런 다음 전망 있는 다른 효소들에도 같은 질문을 던질 작정이었다. 연구팀은 '지식에 입각한 판단'을 프로젝트의 중심 원칙으로 삼았다. 다시 말해 어떤 효소의 정보가 충분히 존재하고 그 삼차원 구조가 정확히 밝혀져 있으면서 유전자 복제까지 가능하다면, 그 효소가 연구 소재로서 최소 필수조건을 갖췄다고 인정했다는 것이다. 그렇게 선택된 티로실 tRNA 신테타아제tyrosyl tRNA synthetase는 유전암호를 읽어 단백질로 최종 조립될 아미노산 20종을 준비하는 효소 중 하나다(4장). 이 효소를 속속들이 알고 있는 효소학자 앨런 퍼슈트Alan Fersht는 그 구조를 풀어낸 엑스레이 결정학자 데이비드 블로David Blow 그리고 DNA 조작을 담당한 분자유전학자 그레고리 윈터Gregory Winter와 케임브리지에서 의기투합했다. 타깃 돌연변이를 계획대로 유도할 수 있음을 처음 확인하고 단백질 발현과 정제까지 성공한 연구팀은 계속해서 이 효소 활성 부위 안의 여러 위치에 돌연변이를 체계적으로 심는 실험으로 넘어갔다. 그 결과, 티로실 tRNA 신테타아제가 작동하는 방식이나 이 효소의 기질 특이성을 좌우하는 변수들에 대해서뿐 아니라 각각의 특정한 물리적 상호작용이 어떤 식으로 효소 성질에 영향을 주는지에 대해서도 이해의 지평을 넓힐 수 있었다.

한편 캘리포니아의 젊은 생명공학기업 제넨테크Genentech에서는 비슷한 질문을 던지되 신기술이 현실에서 통했을 때 상업적 가치를 동시에 타진해볼 수 있는 효소를 골랐다. 그것은 바로, 분말세제에 들어가는 단백질 분해효소 서브틸리신이었다. 연구팀은 효소 활성을 해치는 표백제에 대해 이 프로테이나아제가 얼마나 강한지를 포함해 효소 첨가 분말세제의 실용성을 정확하게 파악하고자 했다. 이번에도 모든 결정은 지식에 입각해 내려졌지만 결정적인 차이점이 하나 있었다. 제넨테크의 연구에서는 돌연변이 한 가지를 심을 때마다 변이생성 프라이머가 따로따로 필요했고 연구팀은 각각 500파운드(우리 돈으로 약 80만 원에 해당한다—옮긴이)쯤 하는 시판제품을 사다가 썼다. 연구비 예산이 팍팍해, 선택한 자리에 돌연변이를 몇 가지나 유도할지 신중하게 결정해야 했던 대학과는 대비되는 모습이다. 케임브리지 팀은 알아서 선택지를 두세 가지로 좁힐 수밖에 없었고, 이런 경우 책임연구자가 효소의 구조를 얼마나 깊이 이해하느냐가 연구의 향방을 크게 좌우한다. 반면에 제넨테크의 사정은 완전히 달랐다. 표백물질이 공존하는 곳에서 서브틸리신은 222번 아미노산 메티오닌 잔기에 화학적 손상을 입어 효소 활성을 잃는다. 그런 까닭에 연구팀은 메티오닌이 효소 활성에 꼭 필요하지는 않다고 가정한다면 표백제의 영향을 받지 않는 다른 아미노산으로 바꿀 수 있을 것이라고 기대했다. 문제는 무엇으로 바꾸느냐였다. 같은 상황에서 대학 팀이라면 메티오닌과 크기와 모양이 비슷한 아미노산 한두 가지를 후보로 추렸을 테지만, 제넨테크 팀은 자신들의 판단력이 그리 믿음직하지 않다는 걸 빠르게 인정했다. 그래서 회사의 상업적 동기가 확실하다면 쓸 돈은 써야 한다는 판단을 내리고 19가지 아미노산의 프라이머를 다 구매했다. 치환 가능한 선택지를 전부 시도한 결과는 뜻밖이었다. 흥미롭게도 가장 유용한 돌연변이는 크기와 모양이 비슷한 아미노산으로 바꾼 것이 아니라 다른 것으로 치환한 것이었다. 과학에 임하는 자에게 자기 과신은 금물임을 다시 한번 느끼게 하는 대목이다.

참고로 영국의 경우, 단백질공학이 걸음마를 막 뗀 당시에 기업들이 이 케임브리지 사례 같은 순수과학 연구를 지원하고 거기서 직접적인 이익을 거뒀다는 점이 특이하다. 적잖은 프로젝트가 이런 유의 산학협력 형식으로 완수됐다. 영리에 휩쓸리지 않는 연구진이 산학협력 통로를 이용하는 것은 어떤 면에서 일거양득의 전술이다. 라이벌 기업들로 하여금 공통의 대의를 위해 손 잡고 노력하게 만든다는 점에서다. 그러다 목표하던 방법이나 기술을 확실히 찾고 나면 다시 자기 자리로 돌아가 단백질공학을 활용해 각자의 신제품 개발에 매진하는 것이다.

무작위 돌연변이 유발과 변이 스크리닝

1980년대 초부터 무서운 속도로 발전한 분자유전학 기술은 이제 규모가 큰 실험은 로봇에게 시키는 수준에 이르렀다. 무엇보다 합성 프라이머를 비롯해 비교할 수 없게 저렴해진 필수 재료 가격 때문이다. 그 덕분에 현재는 단백질공학에 극과 극의 전략으로 동시 접근하는 게 가능하다. 이를테면 어느 아미노산을 바꿀 것인가와 어떤 변화를 유도할 것인가를 한꺼번에 생각하는 것이다. 수백 가지 효소를 대상으로 한 실험을 거치면서 자리 지정 돌연변이 유도 기법이 거듭 성과를 내자, 과학자들은 타깃을 고르는 데에 점점 과감해졌다. 그뿐만 아니라 열 안정성이나 pH 의존성 같은 성질을 바꿀 궁리를 하고, 때로는 결과를 전혀 내다보지 못하면서 일단 저지르고 보기도 했다. 사실, 이런 산탄총 전략은 의외로 꽤 괜찮은 방법이다. 소수정예로 엄선한 돌연변이를 표적으로 삼는 대신 여러 자리에 무작위 돌연변이를 일으키면 일차로 탐색할 후보 세포를 한꺼번에 많이 만들 수 있다. 가령, 자리가 200개이고 각 자리마다 19가지 돌연변이를 유도할 수 있다면 나올 수 있는 선택지는 거의 4,000가지가 된다. 그런데 또 변이 유전자를 품은 세포를 최소 하나 이상 확보하려면 거의 10배수의 세포를 조사해야 한다. 여기서 끝이 아니다. 특정 돌연변이가 유익한지 아닌지 확인할 기능검사가 가능하려

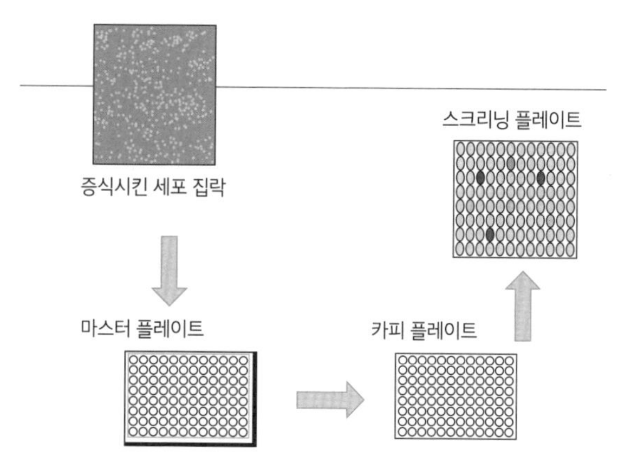

그림 51 플레이트 스크리닝. 무작위 돌연변이가 일어난 후, 모든 세포가 복제된 유전자의 카피를 갖게 된다. 그 가운데 일부 세포는 변이 유전자가 없을 것이고 또 일부는 세포 집단에 아무 이점 없는 변이 유전자가 있을 것이다. 이때 플레이트 스크리닝을 실시하는데, 목적은 세포 집단에 득이 되는 변이 유전자를 가진 세포를 골라내는 것이다. 우선 첫 번째 플레이트에 세포를 넓게 펴발라 각각을 새로운 집락으로 불린다. 그런 다음, 로봇을 이용해 집락을 하나씩 떠서 미리 숫자를 매겨둔 마스터 플레이트의 구멍으로 옮긴다. 이것을 종자 삼아 다시 카피 플레이트에 심는다. 마지막으로 카피 플레이트에서 자라난 세포들을 가지고 스크리닝 플레이트 상에서 효소 활성을 테스트한다. 여기서 유익한 활성을 보이는 돌연변이만 골라내 보존하면 된다.

면 먼저 변이형 세포를 충분한 수로 불리는 작업이 필요하다. 결국 대다수는 그대로 버려지겠지만 운이 좋다면 다음 연구에 쓸 만한 세포가 소수 남을 것이다(그림 51).

철저히 사전지식에 입각한 조준에서 완전히 무작위한 난사라니 참 극단적인 전환이다. 로봇 활용이 가능하고 재료가 저렴한 건 사실이지만, 완전히 무작위적인 변이유도 기법은 여전히 엄청난 노동과 비용을 요구한다. 그런 면에서 아마도 현실적으로 가장 이상적인 전략은 양극단을 절충한 중간일 것이다. 변이시킬 아미노산을 기준으로 얘기하자면, 수백 개였던 유력한 변이 자리 후보를 절충안을 택해 수십 개 정도로 줄일 수 있다. 한편 어떤 아미노산들은 매우 흡사해서 서로가 서로를 대신하기도 한다는 점을 고려해 아미노산 19종 전체를 훑지 말고 각 자리마다 시도할 변이 가짓수를 제한하는 방법도 있다. 그렇더라도 절차를 지나치게 생략하다가 보물을 놓치는 일은 없어야 한다.

왼쪽을 향해 선 분자와 오른쪽을 향해 선 분자, 진짜 타깃을 어떻게 구분할까

이렇듯 오늘날 프로젝트를 기획하는 단백질공학자들은 선택의 기로에 선다. 자신에게 맞는 연구 기법을 정하려면 효소에 대한 본인의 이해도가 얼마나 되는지 각자 냉철히 판단하고 있어야만 한다. 모름지기 실수를 연발하고 실패가 다반사인 게 과학이라고는 하지만 가끔은 생각한 목표를 단번에 이루거나 행운을 거머쥐는 사람도 있다. 지난 40년의 경험으로 효소학계는 어떤 목표가 이루기 쉽고 어떤 목표는 어려운지 알아보는 눈썰미를 얻었다. 다행히 기질 특이성은 비교적 쉬운 목표다. 효소 삼차원 구조의 고해상도 영상이 있으면 아미노산 곁사슬 몇 개만 보고 효소가 어떤 기질을 얼마나 좋아하고 싫어하는지 꽤 정확하게 추측할 수 있기 때문이다. 영상에서 효소의 활성 부위에 착 달라붙은 기질을 함께 볼 수 있다면 금상첨화이다. 이런 식으로 효소 활성 부위를 리모델링해 기질 특이성을 바꾸거나 확대하는 데에 성공한 사례가 이미 적지 않다. 하지만 여기서는 전부 열거하기보다 필자가 직접 참여했던 프로젝트를 집중적으로 이야기해볼까 한다.

그러자면 카이랄성chirality부터 이해하고 넘어가는 게 좋을 것 같다. 화학분자의 방향과 관련된 개념인 카이랄성은 원자들이 삼차원상에 배열한다는 사실 때문에 생기는 특징이다. 원자가가 4인 원소의 대표주자인 탄소 원자는 팔 4개로(11쪽을 참고하라) 최대 네 상대와 결합할 수 있다. 탄소 결합 4개는 입체 공간 안에서 각각 사면체의 네 꼭짓점을 가리키며 서로 대칭적으로 배열한다(그림 52). 이때 만약 네 결합 상대의 종류가 제각각이라면 팔 4개를 뻗은 탄소화합물 분자는 서로가 거울에 비친 이미지 같은 2가지 자세를 잡는다. 아미노산은 이와 같은 카이랄성을 띠는 대표적인 생화학 분자다. 네 결합 상대 중 둘이 수소 원자인 글리신은 제외하고, 나머지 α-아미노산들은 전부 네 팔이 다 다른 상대를 붙잡고 있다. 그런 까닭에 알라닌 같은 경우 서

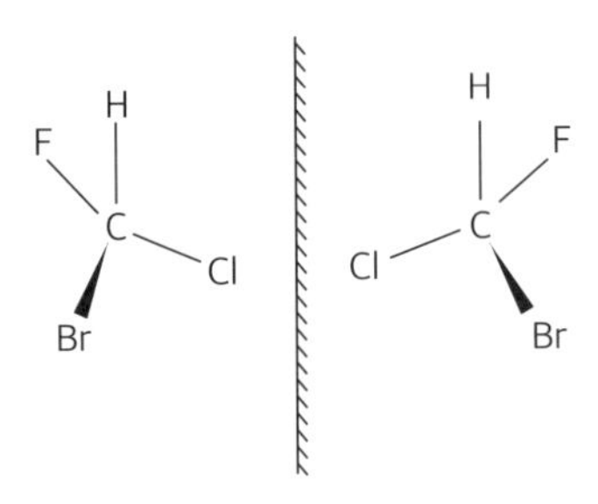

그림 52 카이랄 탄소 원자. 삼차원 공간에서 탄소 원자의 네 팔이 사면체의 네 꼭짓점을 향해 대칭적으로 뻗어 있다. 앞서 설명한 것처럼 만약 네 결합 상대가 제각각이라면 같은 분자인데 어떻게 해도 포개지지 않는 거울상 구조 두 개가 생긴다.

로 거울상인 L-알라닌과 D-알라닌의 두 가지 형태가 존재한다. 그런데 단백질 구성단위로 대자연의 선택을 받은 것은 L-아미노산들뿐이다(단, L과 D의 구분이 없는 글리신은 전부 포함된다).

분자가 서 있는 방향은 제약업계에서 특히 중요하다. 이 사실을 깨달은 건 1960년대까지 무려 20년 내내 회자된 한 사건을 통해서였다. 1950년대에 임신부 입덧 완화 목적으로 시판되던 탈리도마이드thalidomide라는 약이 있다. 입덧을 가라앉히는 효과는 뛰어났지만, 문제는 태아 발달을 심각하게 저해해 팔다리가 없는 기형아가 태어나게 한다는 것이었다. 당시 이 약은 거울상 분자가 반반 섞인 조성(일명 라셈 혼합물racemic mixture 형태)으로 생산됐다. 두 화학합성 경로가 정확히 동량으로 일어나기 때문이었다. 그러나 입덧에 효과 있는 약효성분은 두 분자 형태 중 하나뿐이었고 안타깝게도 나머지 하나는 기형 유도라는 엄청난 부작용을 일으켰다. 한바탕 대소동 이후, 정부는 순수한 단일 카이랄성 물질만 주성분으로 쓰거나(즉, 라셈 혼합물은 사용하지 않거나) 약효와 무관한 나머지 거울상 분자가 무해함을 반드시 입증하도록 의무화해 신약 개발 규정을 강화했다.

탈리도마이드 사건은 효소 촉매반응의 장점을 재차 드러내는 반증이기도 하다. 평범한 촉매 화학반응과 달리 효소는 두 거울상 분자 중 자신이 상대할 기질을 귀신같이 알아본다는 점에서다. 이런 찰떡같은 반응이 너무나 당연하다는 듯 쉽게 일어날 수 있는 것은 효소 분자 자체가 비대칭 아미노산들이 조립된 비대칭 구조물이기에 가능한 일이다.

무기화학에도 라셈 혼합물의 두 형태를 분리할 방법이 없는 건 아니다. 하지만 시간과 노력이 많이 드는 방식은 되도록 안 쓰는 게 낫다. 그래서 과학자들이 선호하는 대안은 바로 생물계를 모방하는 것이다. 생체반응을 흉내 낸 촉매작용을 위해서는 합성 촉매를 제작하는 작업이 가장 중요하다. 효소와 마찬가지로 표면의 활성 부위가 비대칭 구조여서 두 라셈분자 중 자신의 반응 상대를 골라낼 수 있어야 하기 때문이다. 다만, 이것이 기발한 방책이긴 해도 합성 촉매의 라셈체 식별력이 자연선택을 통해 수백만 년 동안 연마된 자연계 효소의 경지에는 못 미친다. 그러니 과학자들이 '이렇게 일 잘하는 효소를 어떻게든 써

먹자' 하고 생각하는 것이 너무나 자연스럽다.

아미노산 탈수소효소들

L-아미노산에서 아미노기(-NH_2)를 잘라내 분해가 시작되게 하거나 반대로 아미노기를 붙여 아미노산을 만드는 효소들을 총칭해 아미노산 탈수소효소라 한다. 그 가운데 가장 흔하고 연구 자료가 많은 건 글루타메이트 탈수소효소GDH, glutamate dehydrogenase(글루타메이트 데히드로게나아제)다. GDH는 그림 53에서 보듯 L-글루타메이트와 2-옥소글루타레이트 사이의 변환을 매개한다.

이때 2-옥소글루타레이트는 원래 카이랄 물질이 아니라는 점에 주목하자. 즉, 이 분자는 α-탄소 원자(3장을 참고하라)의 네 팔 결합이 제각각이 아니다. 그런데 촉매반응으로 아미노기가 도입되면 2-옥소글루타레이트가 방향을 구분하는 L-아미노산으로 변한다. 1990년경, 필자가 소속된 영국 셰필드대학교 연구팀이 GDH의 삼차원 구조를 최초로 밝히고 유전자를 복제하는 데에 성공했다. 분자유전학 전문가인 존 게스트John Guest와 결정학자 데이비드 라이스David Rice 그리고 효소학자인 필자가 힘을 합친 결과였다. 먼저 효소 분자의 결정구조를 살펴본 우리

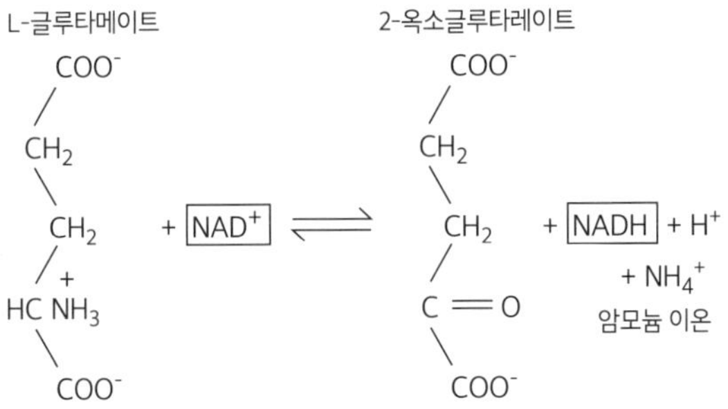

L-글루타메이트

COO^- / CH_2 \ CH_2 / $HC\ NH_3^+$ \ COO^-

+ NAD^+ ⇌

2-옥소글루타레이트

COO^- / CH_2 \ CH_2 / $C = O$ \ COO^-

+ NADH + H^+

+ NH_4^+

암모늄 이온

그림 53 글루타메이트 탈수소효소가 촉매해 가역적으로 일어나는 산화적 탈아미노반응. NAD^+는 생화학자들이 산화반응의 보조효소인 니코틴아미드 아데닌 디뉴클레오티드nicotinamide adenine dinucleotide를 영문 머리글자만 모아 줄여 부르는 이름이다. 이 유명한 생화학 반응의 주 기능은 암모니아 형태의 질소를 유기화합물 안팎으로 이동시키는 것이다.

는 기질 L-글루탐산의 정확히 어느 지점이 어떻게 효소의 활성부위와 맞물리는지 이해할 수 있었다. 기질의 한쪽 끝에서는 한 효소 분자가 양전하(L-리신 부분)를 들이밀며 모든 α-아미노산에 공통적으로 존재하는 음전하 α-카르복실기를 붙잡으려 한다. 그때 기질의 다른 한끝에선 리신 양전하(K89)와 다른 곁사슬(L-세린, S380)의 -OH 기를 앞세운 다른 효소 분자가 다가가 기질의 곁사슬 카르복실기를 폭 감싸 안는다(그림 54).

우리 연구에는 이 두 번째 기질 인식 부위가 중요했다. 바로 여기가 GDH를 다른 아미노산 탈수소효소들과 차별화하는 곳이기 때문이다. 이제 본격적인 미션의 목표는 이 정보를 활용해

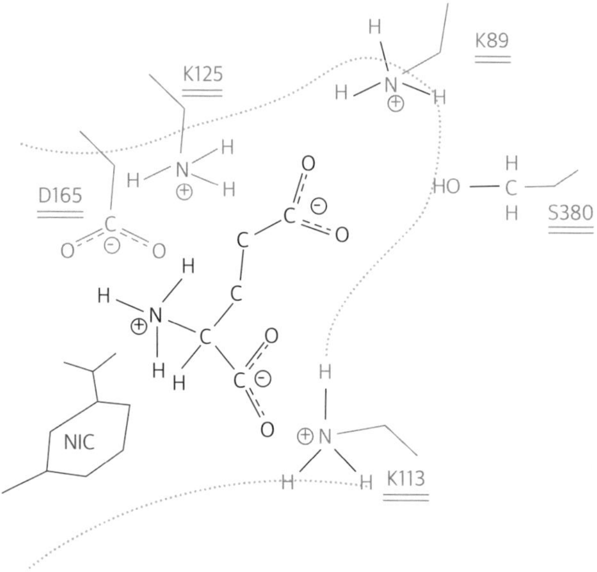

검은색: 기질 분자
회색: 상호작용에 관여하는 주요 효소 곁사슬
NIC는 기질 NAD^+의 니코틴아미드 부분을 뜻한다.
삼차원 입체구조를 이차원 평면에 표현한 그림. 분자들의 실제 삼차원 배치도는 국제 단백질 데이터베이스에서 열람해 볼 수 있다.

그림 54 글루타메이트 탈수소효소의 활성 부위. 효소의 아미노산 곁사슬이 기질인 글루타메이트와 상호작용한다. K89와 S380은 글루타메이트에 다가가 곁사슬의 카르복실기를 인식해 결합하고 K113은 α-탄소의 카르복실기를 붙잡는다. 효소가 경첩처럼 활성 부위를 꽉 붙잡아 둠으로써 NAD^+가 거들고 D165와 K125가 촉매하는 산화반응이 일어나기에 적합한 기하 구조가 형성된다.

아미노산 기질 특이성을 바꾸는 것이었다. 아니나 다를까, 고작 두 자리에 돌연변이를 유도해 소수성 곁사슬을 가진 아미노산

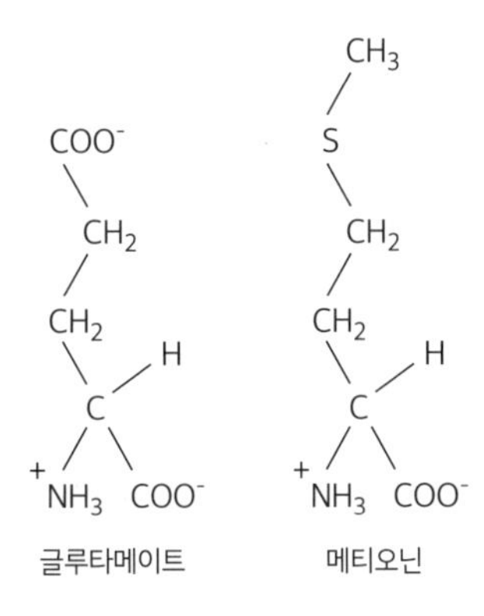

그림 55 글루탐산과 메티오닌. 메티오닌은 곁사슬이 약간 더 길고 음전하를 띠지 않는다.

으로 변하게 하고 덤으로 한 자리 더 손보니 완전히 다른 효소가 만들어졌다. 새 효소는 더 이상 L-글루타메이트와 상호작용하지 않는 대신 소수성 아미노산 L-메티오닌에 활발히 반응했다(그림 55).

같은 시기, 마침 일본에서는 L-페닐알라닌 탈수소효소PheDH, L-류신 탈수소효소, L-발린 탈수소효소 등 탈수소효소군 일원들의 유전자 염기서열이 밝혀져 하나하나 공개되고 있었다. 우리 연구팀은 유전자 정보를 토대로 효소들의 아미노산 서열이 매우 흡사하다는 걸 확인하고(6장을 참고하라) 다 같은 탈수소효소군에 속한다고 확신했다(그림 56). 얼마나 비슷한지, 처음에 GDH를 보고 모든 L-아미노산 탈수소효소의 공통점일 거라고

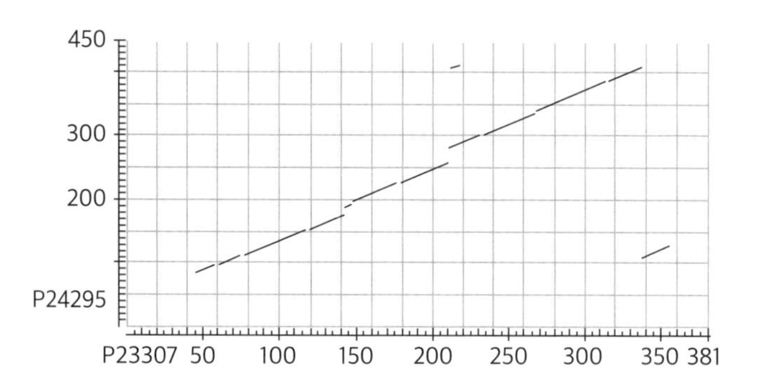

그림 56 DIAGON을 활용한 글루타메이트 탈수소효소와 페닐알라닌 탈수소효소의 아미노산 서열 비교. DIAGON은 필요 시 공백을 적절하게 넣어가면서 비슷한 서열들의 최적의 정렬을 찾아주는 프로그램이다. 대각선 중간중간이 뚝뚝 끊긴 게 이 공백 때문이다.

추측했던 아미노산 서열 특징들이 실제로 다른 효소들에서 다 목격됐을 정도다.

그럼에도, 글루타메이트라는 기질에만 특이성을 갖게 했던 GDH의 두 곁사슬 자리가 다른 탈수소효소들의 경우에는 소수성 아미노산으로 채워져 있다는 게 결정적으로 달랐다. 우리는 이 사실에 주목하고 앞서 밝혀진 GDH의 고해상도 결정구조 위에 PheDH 분자를 올리면 대강 겹칠 거라고 생각했다. 쉽게 말해, 전체적으로 구조가 비슷하다는 가정하에 PheDH의 구조를 추측한 셈이다. 여기까지 왔으니 다음 단계는 조금 더 과감하게 나가기로 하고 활성 부위라고 짐작되는 PheDH의 잔기에

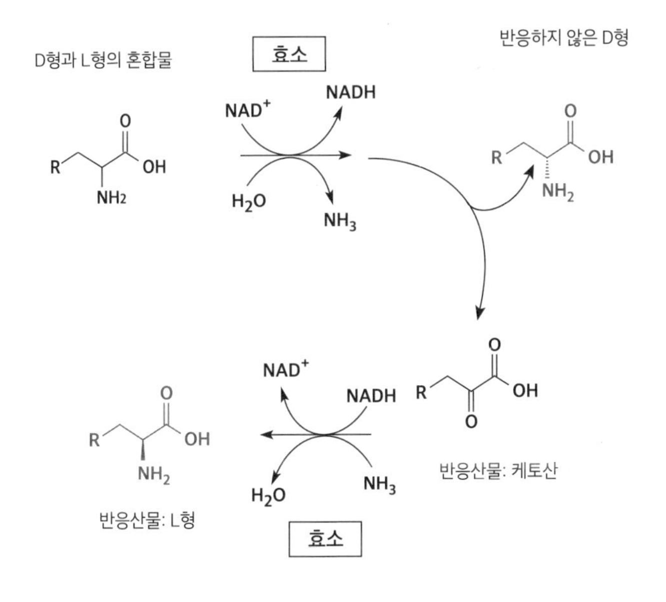

그림 57 아미노산 탈수소효소를 이용한 카이랄 합성·분리

돌연변이를 유도했다. 결과는 기대 이상이었고, PheDH의 기질 특이성을 바꾸는 데에 성공했다. 우리는 활성 부위로 예상했던 자리 두세 군데에 돌연변이를 도입해 효소가 훨씬 다양한 아미노산을 기질로 인식하도록 만들 수 있었다. 특히 비-생체 아미노산을 기질로 써서 시험해보니 조작된 효소의 촉매반응 속도가 본래 PheDH보다 수백 배 빨랐다. 이와 같은 비-생체 아미노산은 제약업계에서 수요가 어마어마한데다가 거래되는 단가도 높다. 일반 화학합성으로는 순도 100퍼센트의 L형 혹은 D형

카이랄 분자를 만들기가 보통 어려운 게 아닌 까닭이다. 이럴 때 단백질공학으로 개량한 효소를 활용해 고부가가치 카이랄 아미노산을 생산하는 방식은 크게 두 가지로 나뉜다(그림 57).

첫 번째는 그림 53의 2-옥소글루타레이트 같은 비-카이랄 전구체를 쉽게 구할 수 있는 경우다. 이런 상황에서는 반응 재료에 효소를 넣어주기만 하면 순도 100퍼센트의 카이랄 L-아미노산이 알아서 만들어질 것이다. 반면에 화학합성으로 아미노산이 잘 만들어지지만 결과물이 늘 L형과 D형이 반반 섞인 라셈 혼합물로 나오는 경우가 있다. 이때 효소를 넣어 반응을 반대 방향으로 일으킨다고 하자. 그러면 L형 아미노산들은 죄다 비-카이랄 전구체로 바뀌고 D형 아미노산은 그대로 남겨진다. 여기서 D-아미노산을 간단한 방법으로 걸러낸다. 그런 다음 분리된 비-카이랄 전구체를 효소와 만나게 하면 순수한 L형 아미노산을 얻을 수 있다.

얼마 전에는 미국 조지아 공과대학에서 또 다른 아미노산 탈수소효소인 류신 탈수소효소의 기질 특이성을 색다른 방향으로 바꾼 단백질공학 연구가 있었다. 알파 탄소 자리에 카르복실기가 있는 기질만 처리하던 효소의 활성 부위를 손봐서 카르복실기가 없는 기질을 상대하도록 만들 수 있을까 하는 궁금증에서 시작된 연구였다. 만약 그게 가능하다면 활성 부위의 작용기는 아미노산이 아니라 아민amine 형태가 되어야 한다. 마침 최근 화학업계 역시 아미노산보다는 순수하게 한 카이랄성을 띠는 아민의 전망을 더 밝게 보는 분위기다. 이런 절묘한 시기에 조지아 공대 팀은 간단한 돌연변이를 유도해 α-카르복실기를 인식하는 부위의 양전하를 없앰으로써 효소에 목표하던 새로운 기질 특이성을 부여해낸 셈이다.

1980년대에 몇몇 선구자가 조심스럽게 내딛은 첫발로 출발했던 단백질공학은 세계 곳곳에서 매일같이 다채로운 기술과 장비를 활용해 갖가지 타깃을 탐색하는 수준으로 성장했다. 현재는 지극히 실용적인 목적으로 효소와 기타 단백질들의 성질을 정교하게 미세조율하는 것까지 가능하다. 무엇보다 큰 성과는 효소를 이용한 촉매작용이 마침내 화학의 기본 도구로 인정받았다는 것이다. 그뿐만 아니라 효소 촉매작용은 고온고압 조건을 요구하지 않고 유해 폐기물을 발생시키지 않기에 이른바 '녹색 화학'이라 불리는 미래산업의 동력으로 부상하고 있다. 항상 주류 화학계의 그늘에 가려 있던 효소학의 이와 같은 급격한 신분 상승에 쐐기를 박는 사건이 근래 연달아 일어났는데, 그중 하나가 프랜시스 아널드Frances Arnold의 노벨상 수상 소식이다. 캘리포니아 공과대학의 아널드 교수는 새로운 생체효소의 효율적인 개발에 필요한 기술 발전을 앞당긴 공으로 2018년에 노벨 화학상을 공동수상했다.

효소와 생체방어 기제 그리고 유전학의 혁명

이 장에서 다루는 내용 대부분은 현대 분자유전학 기술이 없었다면 실현 불가능했을 일들이다. 우리는 유전자를 자유자재로 복제하고, DNA 염기서열을 조작하고, 그것을 숙주 미생물에 심어 대량 발현시키고, 조작된 유전자에서 전에 없던 기능을 가진 단백질이 만들어지게 하는 걸 점점 당연하게 여기고 있다. 도대체 무엇이 이 모두를 가능하게 했을까? 당연히 정답은 정교한 효소들이다. DNA 기술은 조금만 구체적으로 들어가도 책 한 권은 족히 나올 방대한 주제지만 일단 지금은 결정적인 돌파구가 된 세 가지 발견을 짚어보려 한다. 이들 사건에는 생명공학, 생물학, 일상생활을 크게 변화시켰다는 공통점이 있다. 하지만 가장 중요한 특징은 셋 다 무언가를 바라고 이뤄진 행동이 아니라 순수한 과학적 호기심이 이룬 성과라는 것이다. 내일의 모습이 눈앞에 아른거린다면 미래는 이미 와 있는 것이다. 이것은 과학자라면 누구나 알고 있는 진실이다. 그럼에도 돈줄을 쥔 결정권자들이 역사적 도약의 순간들은 대부분 우연의 결과임을 모른 채 인간은 늘 목표를 정해놓고 달려가야 한다고 착각하는 작금의 현실이 안타깝다.

어려운 수수께끼를 따라가다가 맞이했던 세 가지 역사적 사건 중 첫 번째는 단연 스위스 미생물학자 베르너 아르버Werner

Arber, 미국 미생물학자 해밀턴 스미스Hamilton Smith와 대니얼 네이선스Daniel Nathans 세 사람에게 1978년 노벨상을 안긴 박테리오파지bacteriophage 연구다. 박테리오파지는 바이러스의 한 유형으로, 박테리아를 감염시켜 기생하면서 때로는 숙주를 죽이기도 한다. 지난 1950년대와 1960년대, 미생물학계는 아무 규칙도 없이 일어나는 것처럼 보이는 감염 현상에 골머리를 앓고 있었다. 어떤 박테리아균은 박테리오파지의 침입을 잘 막아내는 반면 또 어떤 균은 맥없이 감염됐던 것이다. 알고 보니, 박테리아의 방어기제에 침입자의 DNA를 절단하는 효소가 있느냐 없느냐가 문제의 관건이었다. 그런데 그게 전부는 아니어서 이상하게 저항력이 있는 박테리아라도 모든 박테리오파지를 이기는 건 또 아니었다. 어째서 그럴까? 제한효소restriction enzyme의 뛰어난 기질 특이성에 그 비밀이 있었다. 애초에 박테리오파지가 숙주로 삼을 수 있는 박테리아 균주의 종류가 효소의 기질 특이성에 따라 제한된다는 의미를 담고 있는 그 이름에서부터 이를 짐작할 수 있다. 앞서 우리는 아미노산 서열을 예리하게 알아보고 단백질을 가려 자르는 효소 얘기를 한 적이 있다. 그런 효소 중 유난히 까다로운 몇몇은 둘 내지 네 개의 아미노산으로 이뤄진 특정 서열이 있어야만 임무를 수행한다. 그런데 제한효소는 한술 더 떠서 염기 여섯 개, 드물게는 여덟 개가 정해진 순서로 정확하게 이어진 특정 DNA 서열이 없으면 절대 작동하지 않는다. 이런 DNA 염기서열 요구 조건은 박테리아가 보유한 제한효소마다 다 다르다. 에셰리키아 콜리를 예로 들어 보자. 대장균은 염기서열 GAATTC를 인식하는 제한효소 EcoR1을 스스로 합성한다(그림 58). 그런데 바이러스는 본래 갖고 있는 유전자가 몇 개 안 되기에 한 박테리오파지 게놈에 GAATTC 조합의 염기서열이 한 번도 나오지 않을 가능성이 다분하다(해당 조합의 염기서열을 지닌 박테리오파지는 대장균의 제한효소에 의해 파괴되지 않으므로 대장균을 숙주로 삼을 수 있다—옮긴이). 즉 박테리오파지의 박테리아 침투 성공 여부는 박테리아가 어떤 제한효소를 가지고 있는지, 박테리오파지의 DNA 염기서열이 어떻게 되는지에 따라 달라지게 된다. 이때 박테리아의 게놈이 바이러스의 게놈보다 훨씬 크니 자신의 제한효소에 스스로 당할 것도 같지만 괜한 걱정이다. 박테리아는 자기 DNA에서 잘 잘릴 것 같은 지점들을 보호하는 효소 시스템을 따로 갖추고 있기 때문이다.

뛰어난 특이성이 증명된 제한효소는 곧장 분자유전학 연구의 강력한 무기로 자리매김했다. 과학자들은 이 특징을 이용해 종류별로 어느 제한효소가 정확히 어디를 가위질하는지 표시한 DNA 지도를 작성한다. 이 지도를 참고하면 덩치 큰 DNA를 앞으로 클로닝에 쓸 유전자가 들어 있는 적당한 조각들로 추릴 수 있다. 특히, 제한효소가 DNA 이중가닥을 비스듬히 갈라 '점착성 말단sticky end'을 드러내기 때문에(그림 58) 같은 종류의 제한

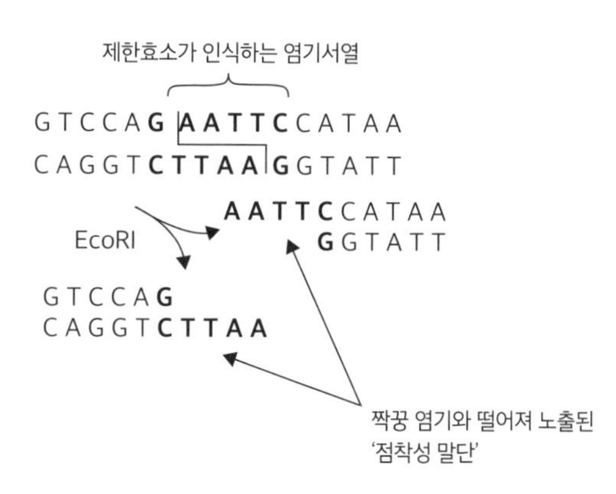

그림 58 제한효소 EcoR1에 의한 DNA 절단. DNA 이중가닥을 비스듬하게 갈라 '점착성 말단'을 드러낸다.

효소로 플라스미드 벡터에 만든 개방부에 유전자를 쏙 넣기가 쉽다는 게 최대 이점이다.

효소학의 지평을 바꾼 혁신을 꼽자면 7장에서 잠깐 언급했던 PCR 분석을 빼놓을 수 없다. 개발자인 캐리 멀리스Kary Mullis에게 1993년 노벨 화학상을 안기기도 한 PCR은 한마디로 작은 DNA 조각을 어마어마하게 증폭시키는 신기술로, 주형으로 사용한 분자 몇 개가 반응 후에는 똑같은 분자 수백만 개로 늘어난다. 멀리스는 1980년대 중반 미국 생명공학 기업 세투스Cetus에 근무하던 시절 처음 이 기법을 고안해 몇 차례 개량했다. PCR에서 핵심은 DNA 중합효소다. 앞서 설명했듯 이 효소는 짧은 프라이머에서 출발해 단일가닥 주형을 가지고 길다란 이중나선 DNA를 엮어낸다.

곧게 펴진 단일가닥 주형의 한중간에 프라이머 하나를 붙인다고 가정해보자. 만약 이 상태에서 DNA 중합효소를 가동시킨다면 프라이머 앞부분은 단일가닥으로 남아 있고 프라이머부터 나머지만 이중가닥이 될 것이다. PCR은 이것을 기본 원리로 하여 고온에서 이중가닥 DNA를 두 단일가닥으로 분리하는 단계부터 시작된다. 그런 다음에야 본격적으로 증폭을 시작하는데, 이 단계에서 멀리스가 반대 가닥에 두 번째 프라이머를 붙여 반응을 반대 방향으로도 전개시킨 게 기막힌 신의 한 수였다(그림 59). 즉, 타깃 염기서열(가령, 특정 유전자)이 들어 있는 조각의 어느 한끝에 진행 방향이 반대인 프라이머 둘을 붙이면 이중가닥 DNA를 가지고 PCR을 시작할 수 있는 것이다. 순서는 대강 이렇다. 원본 이중가닥에 열을 가해 두 단일가닥으로 분리하고 온도를 낮춘다. 적당히 식으면 단일가닥 주형에 프라이머가 가서 붙고 반응이 전개돼 짧은 가닥 둘과 전체 길이 원본 가닥 둘이 나온다. 이걸 다시 가열하면 원래 있던 전체 길이 가닥과 함께 짧은 가닥 둘이 추가로 주형 역할을 하게 된다. 여기서 한 주기를 더 돌리면 딱 두 프라이머 사이 구간만큼만 연장된 DNA 조각이 만들어진다. 그런데 이걸 다시 가열하면 짧아진 조각이 새로운 주형으로 추가된다. 이런 식으로 주기가 거듭될 때마다 타깃 구간의 복사본이 빠르게 불어난다.

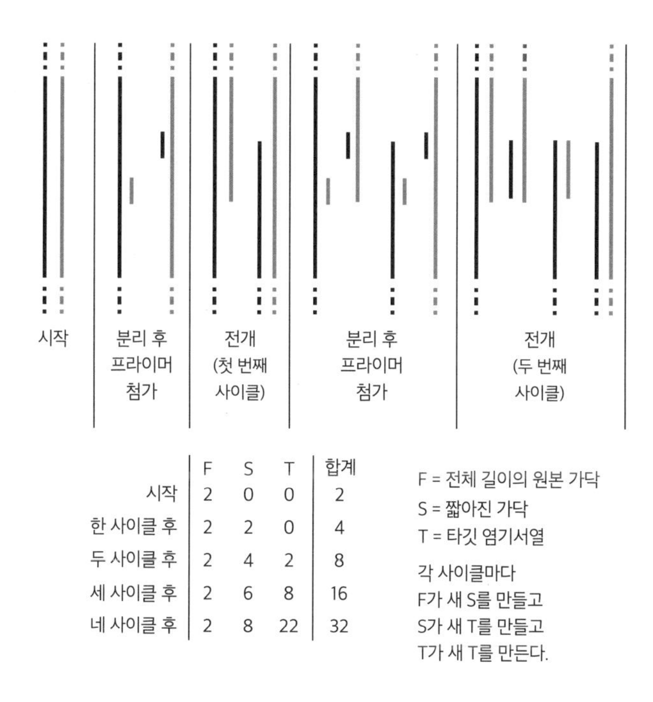

	F	S	T	합계
시작	2	0	0	2
한 사이클 후	2	2	0	4
두 사이클 후	2	4	2	8
세 사이클 후	2	6	8	16
네 사이클 후	2	8	22	32

그림 59 중합효소연쇄반응. 두 사이클을 거치면 증폭된 타깃 염기서열이 급속도로 늘어난다.

PCR 기법이 처음 나왔을 때는 열에 파괴되는 DNA 중합효소의 성질 탓에 스무 주기면 효소도 스무 번 새로 넣어야 했다. 그러다 이 수고를 덜어준 것이 바로 극한미생물이다. 미국 옐로스톤 국립공원에 있는 온천에서 발견된 박테리아 더무스 아쿠아티쿠스*Thermus aquaticus*의 DNA 중합효소는 DNA 가닥 분리 작업에 필요한 고온 조건에서도 매우 안정하다. 그렇기에 이 효소는 한 번만 넣어도 PCR을 끝까지 돌릴 수 있었다. 게다가 때마침 여러 주기에 걸쳐 많은 시료를 한꺼번에 처리할 수 있는 자동가열장치가 개발됐고 덕분에 더 이상 작업자가 내내 붙어서 감독할 필요가 없어졌다.

PCR이 세상에 불러온 변화는 침이 마르게 설명해도 부족할 것이다. 이 기술이 있기에 우리는 HIV DNA 검사를 하고 신종코로나바이러스감염증COVID-19을 일으키는 바이러스의 DNA도 피 몇 방울만으로 찾는다. PCR은 분자 한 개를 가지고 DNA를 대량으로 증폭한다. 그래서 정자 하나만으로 완벽한 분석이 가능하고 분화가 얼마 안 된 배아세포 역시 마찬가지다. 심지어는 원시인 유골에서 채취한 부분손상된 DNA를 PCR로 증폭시켜 상당한 정보를 알아내고 인류 진화의 비밀을 밝힌다. 오늘날 대중에게 특히 인기 높은 쓰임새는 아마도 범죄수사일 텐데, 범인이 남긴 머리카락 한 올로 해결된 사건이 수도 없을 정도다. 그뿐 아니다. 앞서 언급한 것처럼 최근에는 프라이머 안에 일부러 미스매치 염기를 심어 변이를 유도하는 데에도 PCR 기술이 활용된다.

새천년 맞이 선물처럼 찾아온 마지막 세 번째 혁신은 효소 종류는 다르지만 이번에도 박테리아의 방어기제와 관련 있다. 이름하여 'CRISPR-Cas9' 시스템이다. 여기서 크리스퍼CRISPR란 '짧은 회문구조가 간격을 두고 반복되는 구조의 집합체clustered regularly interspaced short palindromic repeats'의 줄임말로, 30여 년 전에 다수의 박테리아 세포에서 처음 목격된 특이한 DNA 구간을 말한다. 이름에서 유추할 수 있듯 박테리아 게놈 안에는 반복되는 구간들 사이에 또 다른 아주 짧은 염기서열이 여러 번 반복해서 나오는 특정 구역이 존재한다. 체내로 침입한 외래 DNA(일례로 플라스미드나 박테리오파지 같은 것)에 이런 짧은 염기서열이 존재하며 이 서열이 일종의 분자기억 형성에 관여한다는 건 꽤 오래전부터 알려진 사실이었다. 사람 면역계의 방어기제와 거의 같지만 단백질이 아니라 DNA에 근거한다는 점만 다른 셈이다. 숙주 체내의 크리스퍼 시스템은 동일 DNA 출처인 미생물이 반복해서 침입할 때 깨어난다. 각성한 크리스퍼 서열은 주형이 되어 RNA 합성으로 이어지고 이 RNA는 DNA 분해효소인 Cas9에 달라붙는다(5장을 참고하라). 그렇게 크리스퍼 반복 서열 중 하나로부터 전사된 RNA는 Cas9을 잡아끌어 침입자 DNA 앞에 데려다 놓는다. 그러면 해당 염기서열을 인식한 Cas9 효소가 바이러스의 DNA를 싹둑 잘라버리는 것이다.

이 기막힌 방법은 원래 박테리아가 가진 비장의 방어무기이지만 현대 유전학은 그 의의를 훨씬 넓게 보고 있다. 예를 들어, 미국의 제니퍼 다우드나Jennifer Doudna와 프랑스의 에마뉘엘 샤르팡티에Emmanuelle Charpentier는 Cas9을 다른 종류의 DNA에 활용할 수 있음을 일찌감치 간파했다. 농작물이나 사람 배아에 적절한 염기 조합의 RNA 조각을 도입하는 식이다. Cas9으로 살아 있는 세포 안의 타깃 DNA를 잘라내고, 봉합은 세포 본연의 DNA 복구 효소 시스템에게 맡긴다. DNA 주형을 넣어 이 과정을 유도한다는 것은 새 돌연변이를 도입하거나 불필요한 돌연변이를 바로잡는 용도로 Cas9 효소 기제를 응용할 수 있음을 뜻한다. 특히 후자는 현재 6장에서 다뤘던 유전질환 치료의 새 장을 열고 있다. 물론, 윤리와 법 규정 면에서도 앞으로 많은 논의가 필요할 것이다.

효소는 아주 작지만 막강한 분자기계와 같다. 다양한 화학반응을 경이적인 속도와 뛰어난 정확도로 진행시키는 기계다. 1장 말미에 언급했듯이, 거의 90년 전에 프레더릭 G. 홉킨스는 "효소와 효소의 작용에 대한 확장된 연구가 생물학에서 지니는 의의야 더 말할 것도 없지만, 화학에서의 의미 또한 결코 덜하지 않다"라고 말했다. 참으로 선구적인 명언이지만 그 사실은 홉킨스 본인도 미처 예상하지 못했을 것이다. 과학, 기술, 의학은 물론이고 생명의 이해라는 본질을 파고들 정도로 이 놀라운 분자의 영향력이 광범위해질 것이라고는 말이다.

감사의 말

이 책을 끝까지 완성하도록 저를 격려하고 도운 여러 사람에게 감사 인사를 전합니다. 애초에 제가 책을 쓸 결심을 굳힌 데에는 아내 수Sue의 공이 큽니다. 두 아들 톰Tom과 벤Ben은 문체와 내용에 대해 예리한 의견을 주었고, 마거릿 디스Margaret Deith 박사는 전문가다운 매의 눈으로 초반부 장들을 검토해주었습니다. 6장에서 몇몇 내용을 바로잡아 준 동료 교수 데즈먼드 히긴스Des Higgins에게도 고마움을 전합니다. 그가 있어 다행이었습니다. 마지막으로 라사 메논Latha Menon 박사와 옥스퍼드대학교 출판부의 제니 누지Jenny Nugee, 조이 멜러Joy Mellor, 고빈다사미 바바니Govindasamy Bhavani, 도러시 매카시Dorothy McCarthy를 빼놓을 수 없겠습니다. 이분들은 제가 온전히 글쓰기에 매진하도록 배려하면서 빠르고 효율적인 일 처리와 넘치는 유머 감각으로 책 한 권이 나오는 전 과정을 행복한 추억으로 만들어주었습니다.

○

그림 목록

33 아데노신 삼인산염

34 알돌라아제 반응

35 공통 중간체가 매개하는 에너지 커플링

36 DNA 염기

37 tRNA와 안티코돈 고리

38 아미노아실 tRNA 생성에 ATP가 쓰이는 방식

39 동질효소 띠

40 말과 생쥐의 알코올 탈수소효소 아미노산 서열 비교

41 말과 효모의 알코올 탈수소효소 아미노산 서열 비교

42 젖산과 말산

43 젖산 탈수소효소와 말산 탈수소효소의 아미노산 서열 비교

44 키모트립신과 서브틸리신의 촉매작용기 삼총사

45 페닐알라닌 분해 과정 초기의 효소 작용 단계들

46 진단검사로 사용된 기체 크로마토그래피. 사전 양해를 구해 마이클 J. 베넷Michael J. Bennett의 논문에서 발췌 편집함. Bennett, M. J. (1990) 'TheLaboratory Diagnosis of Inborn Errors of Mitochondrial Fatty Acid Oxidation', Annals of Clinical Biochemistry, 27(6), pp. 519-31. doi: 10.1177/000456329002700602. Copyright © 1990, ©SAGE Publications.

47 감마-카르복시글루탐산

48 유전자 클로닝

49 과다발현된 복제 효소. 조애나 그리Joanna Griffin 제공.

50 미스매치 프라이머 생성

51 플레이트 스크리닝

52 카이랄 탄소 원자

53 글루타메이트 탈수소효소가 촉매해 가역적으로 일어나는 산화적 탈아미노 반응

54 글루타메이트 탈수소효소의 활성 부위. 효소의 아미노산 곁사슬이 기질인

더 읽을거리

- Enzymes (1930) by J. B. S. Haldane. Reissued in paperback by MIT Press, 1965. 효소의 화학과 구조가 밝혀지기 전에 효소에 대한 생각이 어땠었는지를 잘 알 수 있는 고전이다.
- Introduction to Protein Structure, 2nd Edition (1999) by Carl Branden and John Tooze, Garland Publishing. 설명이 잘 되어 있어 쉽게 읽히는 입문서.
- 'Annual Reviews of Biochemistry', 55, 1-28 (1988) Sequences, sequences and sequences. 이 리뷰저널은 언제나 한 석학이 과학계에 기여한 바를 일대기 형식으로 풀어내며 시작하는 것이 특징이다. 특히 이 논문은 프레더릭 생어가 단백질의 아미노산 서열을 최초로 밝혀내기까지의 전체 과정을 추적하는 형식으로 쓰여 있다.
- Max Perutz and the Secret of Life (2010) by Georgina Ferry, Random House.
- Outline of Crystallography for Biologists (2002) by David Blow, Oxford University Press. 딱딱한 주제를 친절하게 풀어낸 도서.
- Linus Pauling: And the Chemistry of Life (2000) by Tom Hager, Oxford University Press. (《화학 혁명과 폴링》, 바다출판사, 2003)

- Catalysis in Chemistry and Enzymology (1987) by William P. Jencks, Dover Publications. 촉매작용을 예리하고 명쾌하게 설명한다.
- An Introduction to Enzyme and Coenzyme Chemistry (1997) by Tim Bugg, Blackwell Science. 화학자의 시선으로 효소 이야기를 매력적으로 풀어냈다.
- Structure and Mechanism in Protein Science (1999) by Alan Fersht, W. H. Freeman. 상급자용 전문서적.
- Fundamentals of Enzymology, 3rd Edition (2009) by Nicholas Price and Lewis Stevens, Oxford University Press. 생화학자의 관점에서 본 효소학.

찾아보기

ㅇ

ㅈ

ㅊ

ㅋ

Enzymes

효소